U0048387

顧問

The Secrets of Consulting

A Guide to Giving
& Getting Advice Successfully

成功的祕密

有效建議、
促成改變的
工作智慧。

Gerald
M. Weinberg

傑拉爾德・溫伯格—著

曾昭屏—譯

10 週年
智慧紀念版

經營管理 27

顧問成功的祕密
有效建議、促成改變的工作智慧（10週年智慧紀念版）

作　　　者	傑拉爾德・溫伯格（Gerald M. Weinberg）
譯　　　者	曾昭屏
責 任 編 輯	林博華
行 銷 業 務	劉順眾、顏宏紋、李君宜

總　編　輯	林博華
發　行　人	凃玉雲
出　　版	經濟新潮社
	104台北市中山區民生東路二段141號5樓
	電話：(02) 2500-7696　傳真：(02) 2500-1955
	經濟新潮社部落格：http://ecocite.pixnet.net
發　　行	英屬蓋曼群島商家庭傳媒股份有限公司城邦分公司
	104台北市中山區民生東路二段141號11樓
	客服服務專線：02-25007718；25007719
	24小時傳真專線：02-25001990；25001991
	服務時間：週一至週五上午09:30~12:00；下午13:30~17:00
	劃撥帳號：19863813　戶名：書虫股份有限公司
	讀者服務信箱：service@readingclub.com.tw
香港發行所	城邦（香港）出版集團有限公司
	香港灣仔駱克道193號東超商業中心1樓
	電話：(852) 25086231　傳真：(852) 25789337
	E-mail: hkcite@biznetvigator.com
馬新發行所	城邦（馬新）出版集團 Cite (M) Sdn Bhd
	41, Jalan Radin Anum, Bandar Baru Sri Petaling,
	57000 Kuala Lumpur, Malaysia.
	電話：(603) 90578822　傳真：(603) 90576622
	E-mail: cite@cite.com.my
印　　　刷	宏玖國際有限公司
初 版 一 刷	2005年1月1日
二 版 一 刷	2016年4月12日

城邦讀書花園
www.cite.com.tw

〈出版緣起〉

我們在商業性、全球化的世界中生活

經濟新潮社編輯部

　　跨入二十一世紀，放眼這個世界，不能不感到這是「全球化」及「商業力量無遠弗屆」的時代。隨著資訊科技的進步、網路的普及，我們可以輕鬆地和認識或不認識的朋友交流；同時，企業巨人在我們日常生活中所扮演的角色，也是日益重要，甚至不可或缺。

　　在這樣的背景下，我們可以說，無論是企業或個人，都面臨了巨大的挑戰與無限的機會。

　　本著「以人為本位，在商業性、全球化的世界中生活」為宗旨，我們成立了「經濟新潮社」，以探索未來的經營管理、經濟趨勢、投資理財為目標，使讀者能更快掌握時代的脈動，抓住最新的趨勢，並在全球化的世界裏，過更人性的生活。

　　之所以選擇「**經營管理—經濟趨勢—投資理財**」為主要目標，其實包含了我們的關注：「經營管理」是企業體（或非營利組織）的成長與永續之道；「投資理財」是個人的安身之道；而「經濟趨

勢」則是會影響這兩者的變數。綜合來看，可以涵蓋我們所關注的「個人生活」和「組織生活」這兩個面向。

這也可以說明我們命名為「**經濟新潮**」的緣由——因為經濟狀況變化萬千，最終還是群眾心理的反映，離不開「人」的因素；這也是我們「以人為本位」的初衷。

手機廣告裏有一句名言：「科技始終來自人性。」我們倒期待「商業始終來自人性」，並努力在往後的編輯與出版的過程中實踐。

目錄

前言

　　如果你是一個顧問，或曾經找過顧問，那麼這本書就是為你而寫的。這樣的說法所涵蓋的讀者範圍甚廣，因為時至今日，幾乎每一個人都可說是某種形式的顧問。我們的社會上有硬體顧問與軟體顧問、社會福利工作者與精神科醫師、管理階層顧問與勞工階層顧問、能源顧問與資訊顧問、安全顧問與災害顧問、美容顧問與化糞池顧問、顧問醫師（供同僚或病人諮詢者）與顧問律師、婚禮顧問、裝潢設計師、基因遺傳顧問、家庭治療專家、理財顧問、破產顧問、退休顧問、葬儀顧問、以及靈媒顧問等。

　　以上所談到的還只是從不同的專業領域來區隔。當你問問你家隔壁的鄰居，他是用什麼方法來去除他家草坪中的雜草，你就用到了顧問。當你的女兒請教你，她應該讀哪一所大學，你就搖身一變成了一個顧問。至少在美國，你不需有執照就可以給別人建議，告訴他該買什麼車，或幫他找出到某個小鎮最快的捷徑。

　　既然顧問的範圍無所不包，所有做顧問的人有什麼共通之處？如何才能吸引他們來看這本書呢？我給顧問工作下的定義是：*在有*

17

人向你求教時，你該如何去影響他們的一種藝術。一般人因為想要做出某種改變——或懼怕將有某種改變，就會利用各種的方式來尋求顧問的幫助。

有許多人在無人提出要求的情況下，會主動地去影響他人。法官可判你去做三十年的苦役。你的老師可要求你讀三十頁很難消化的書。你的上司可指派你出三十天的苦差。你的牧師可分派你唸三十遍追念聖母瑪利亞的祈禱文。法官、老師、上司、以及牧師等人都有做顧問的資格。但在前述的事例中他們都不能稱為顧問，因為那些影響他人的方式需憑藉某種威權的體系才得遂行，而受影響的人未必會樂於接受。

還有一些人雖對他人有影響但自身卻毫無權勢，這樣的人也稱不上是顧問，因為並沒有人向他們提出要求。這類的人有汽車銷售人員或其他商品的推銷員。同樣的道理，他們可能有做顧問的資格，然而當你並未開口向他們要求，而他們卻一個勁兒想把某個東西賣給你，此時他們也算不上是顧問。

即使別人稱你為顧問也並不會就讓你成了顧問。有許多人被別人冠上了顧問的頭銜，其實別人只不過是好心將他們那枯燥乏味的工作美化一下而已。例如，有些「軟體顧問」受聘的原因，純粹只是為了彌補公司程式設計人力的不足。他們的「客戶」最不樂見的，就是顧問在那兒說三道四，讓正事受到不良的影響。客戶心中

真正要的，僅僅是這些臨時工能如期完成電腦程式碼之類的例行性工作，不過，替這些臨時工加上「顧問」的封號後，客戶就可以花較少的錢找到肯任職的人，頭銜若是取得太平淡無奇，同樣的一份工作就得花較多的錢才會有人願意做。

相反的，你即使沒有顧問的頭銜，仍然可算是顧問。任何擔任幕僚工作的人所做的就是部門經理的顧問。當部門經理僱用你時，他們所要的就是你的影響力。（不然的話，經理花錢請幕僚人員來是為了什麼？）然而，當你受僱了一段時日之後，經理們可能會忘了當初請你來是為了幫他們的忙。有時甚至連你自己也忘了，於是你的工作內容開始變質，跟從外面找人來應付某一特定問題時的情況越離越遠了。

這本書並不在談要如何變成一個顧問。這是最容易做到的部分。很有可能你已經是一個顧問，因為每當你受到某人的請託，要你去影響他的時候，你就搖身一變成為顧問了。唯有在你接到別人的請託之後，你才開始需要這方面的幫助。當我改行當一個全職的顧問時，很快就發現在人們身處的世界還顯得相當理性的時候，鮮少有人會去找人來大肆影響一番的，因此，顧問所遇到的不理性行為往往會超過了他們所應得的份。舉例而言，你或許也有同樣的經驗，那就是當初請你來提供忠告的那個人，十有八九最後會因為你給了他一個忠告，竟憤而把你臭罵一頓。這些蠻不講理的行為幾乎要把顧問給逼瘋了，不過你若能忍受這類怪事的話，這些不可理喻

的行為也能讓顧問賺進大把的鈔票。

　　不過，有時我實在受不了這些不理性的待遇，我就退而去寫幾本書以讓我的神智清明一點。任何人若不理性到想來買我的書，可能就等於在拜託我去影響他們，不過我至少不必當面給他們忠告。這是我的書比我的顧問費要便宜許多的原因。

　　不過，我如果還能容忍不理性的對待，多數時刻我都會樂於與客戶面對面直接地互動。我如果還想繼續幹這一行的話，似乎只有兩種選擇：

　　1. 保持我的理性，最後被逼得發瘋。
　　2. 也變得不理性，因而被人視為瘋子。

多年來，我就在這痛苦的兩極之間搖擺，直到我無意間想到了第三條路：

　　3. 對於不理性，我變得理性。

本書所要詳述的，是我對於圍繞在「尋求他人的影響」四周，那些表面上看來不理性的行為中理性的成分，我個人的一些獨特的創見。這些都是「顧問成功的祕密」。由書名會讓人誤以為本書是專為顧問而寫的，其實本書是專為「任何對我們身處的不理性世界感到迷惘，且有心要做些什麼來改變它的人」而寫的。如此一來，幾乎可以將所有的讀者都一網打盡。

　　即使你正納悶為什麼沒有人來找你去幫他「顧問」一下，或許你本身就需要一位顧問。你大可省下請顧問的費用來讀一讀這本書。不然的話，如果你已經找了顧問，那麼閱讀本書將可使你所付出的顧問費發揮更大的效益。

　　但是，如果你心中了無迷惑，那麼你就絲毫沒有看這本書的必要。你需要去看的是精神病醫生。任何人身處今日的世界而不感到迷惑，一定是與現實嚴重地脫節。

　　閱讀本書對你會有什麼好處呢？已經有許多人看過本書的手稿，其中有些人聲稱受到正面的影響。某位顧問說她因為採用了本書的一條法則，而得到一個獲利頗豐的合約，不然她是絕無機會拿到的，那條法則就是「柳橙汁測驗」。另外一位顧問說他因為利用了「定價第九法則：絕不後悔原則」，而爭取到更多的顧問費。第三位顧問卻因利用了相同的法則而丟掉了一個獲利頗豐的合約，但是他不以為意，這是為什麼這條法則會取名為「絕不後悔原則」。有一位經理告訴我，他剛看完手稿，立刻就請那位每個月花他三千美金的顧問走路。他並未提及那位顧問是否感到後悔。

　　並非所有的影響都直接反映在金錢上。有好幾位讀者說，當他們對顧問工作有了更深入的了解之後，也更能享受其中的樂趣。有一家公司的產品部門協理告訴我，他因利用從水牛和小狗的故事所得到的新想法，使得行銷部門經理採納他建議的比率提高了。另外

一家公司的職員舉不出具體的事例，只說她的老闆讚美她「思考更周全」。

　　一位相當資深的顧問告訴我一個「又臭又長的故事」，是關於他過去有很長一段時間都在為他沒有拿個博士學位而感到懊惱。（我想他對於我書中那些又臭又長的故事，終於可以報一箭之仇了。）他花費了他生命中好幾年的光陰，重回學校去拿了個博士，到頭來卻發現他的客戶對這個學位一點也不覺得稀罕。他說：「讀這本書就像去拿我的博士學位一樣。我根本不需要去讀它，但我若是沒讀過它，我會一直認為我需要去讀它。」看完本書的第一章你將會知道，對任何一位顧問而言，這是他能夠期望達到的最好的結果了。

1985 年 8 月　　　　　　　　　　　傑拉爾德‧M‧溫伯格

內布拉斯加州，林肯市

推薦序

　　閱讀《顧問成功的祕密》是個非常特別的經驗。本書契合了我對幽默感的要求、我對人性弱點的認知、以及我對「人」這個複雜系統如何運作的認識。最特別的是，本書拓展了我的視野，認清「改變」是如何進行的，以及一個顧問在任何場合下如何可以變得更稱職。

　　本書的意涵深遠，表達的方式生動且幽默。傑瑞‧溫伯格（傑瑞是傑拉爾德的暱稱）寫作的風格是把他的經驗和知識毫不保留地與我分享；我的感受是受到了啟發，而非被觸及痛處而產生自我防衛。閱讀本書時，作者筆下的人物和問題，都讓我感同身受，因為從中看見了自己的影子而會心一笑，從日後可應用到自身的情境中而享受到學習的樂趣。

　　《顧問成功的祕密》其價值遠超過一本顧問的指南。其實這是一本有關「人要如何為自己的成長而負責」的書。做為一位家庭治療師，我發現要了解人的行為和顧問與客戶之間的關係，若能將之與我們在這個世界上的誕生，以及我們在父親、母親、子女這不對

等的三角關係中的表現連結起來看,將會大有助益。在一個家庭裏,父親和母親理應是成熟的人,而子女則完全要依賴成人。我們從出生到成年所學習到的經驗基本上都與此有密切的關係;雖然我們所學習到的經驗大部分都屬於無意識的範疇,但這些經驗決定了我們對於自己的感覺,以及我們感覺自己對於世界的重要性。這些經驗也決定了我們妥善應付問題的技巧,而這些技巧亦可借助顧問的幫忙。

不論是無意識還是有意識的學習,不論我們所扮演的角色是客戶還是顧問,童年時期學習的基礎對我們會產生終身的影響。這些在無意識狀態下所學得的經驗,其威力之強大經常會妨礙到我們所期盼的結果,對此,傑瑞‧溫伯格經常會以略帶嘲諷的筆調調侃讀者和他自己。例如,我們大家在成功的那一刻都希望能得到他人的肯定與公開的讚賞:「媽媽,妳看,不用手耶!」騎在腳踏車上驕傲的兒子會這麼說,希望母親能報以微笑。母親若是沒有露出笑容,孩子的欲求就得不到滿足,在他長大成人之後,或許仍然會尋找那樣的笑容,只是尋找的場合不對。

此外,我們絕大多數的人都盼望且需要能夠知道別人給我們的評價,但是又害怕在表達出自己的需要後得到了負面的評價,因而我們經常就在這兩者之間尋求平衡點。「歸根究柢來說,」我們暗自思量,「我如果夠聰明的話,我會什麼事都懂得,就能把各種狀況都應付得很好。若非如此,將會暴露出我的軟弱、愚蠢、荒謬、

或無能。要我承認自己有這些缺點是讓人很難堪的事。」有了這樣的詮釋，我們絕大多數的人都不敢誠實面對自己，不是把我們真正的感覺隱藏起來，就是把情緒發洩到別人身上。例如，我們會在心裏想：「我不需要你。如果我看來好像需要你的話，那也是因為你有錯。」

對人施以援手，提供新的方法來對付問題，這是顧問的天職；然而，為了讓顧問能善盡其職，我們在進行顧問工作的時候，心中要謹記前述的「尋求最佳平衡點」。當客戶找顧問來幫忙時，等於客戶在說（有時是以非語言的方式）：「我需要你。我無法直接了當地這麼說，因此請你找一個不傷害我尊嚴的方式來幫助我。」顧問若是聰明的話，其回答的方式是既顧及客戶的自尊，也無損於自己的自尊。否則，真正且持久的改變將不會發生。

做為一個聰明的顧問，傑瑞·溫伯格在書中許多不同的段落皆闡明此一重點。他舉出許多既有效又有趣的方法來處理此「尋求最佳平衡點」的問題，並不斷地稱許那些明白應在何時、應向何人尋求幫助的客戶，稱這樣的客戶為有大智慧的表現，而非是向別人宣告自己的無能。在這些段落中，客戶和顧問雙方皆能在學習和能力上得到長進，而且賓主盡歡。

畢竟，顧問成功的祕密基本上所談的不就是有關個人的成長、做事的能力、和良好的人際關係嗎？也就是說，是有關我們對自己

和他人都甚感滿意,以及我們能體驗到我們的希望和目標都得以實現。

1985 年 10 月   Virginia Satir

加州,帕羅奧多市   Avanta Network 公司訓練部協理

世界知名的家庭治療大師(1916-1988)

1 為什麼顧問工作這麼困難

why consulting is so tough

果醬塗的面積越大，就會變得越薄。

——草莓醬法則

你是否曾夢想過自己擁有一家餐廳？不但可以為那些懂得欣賞美食的客人烹調出一道道的佳餚，還可以在每晚打烊之後數著收銀機裏大把大把的鈔票？最近看到一本談論如何自己開餐廳的書，我迫不及待地想要從中一探獨自創業會帶來哪些浪漫迷人的好處，既不用看上司的臉色，又可以快速致富，到底是怎麼樣的一種感覺？不料該書的作者卻把整個的第一章都浪費在勸我趕快放棄我的夢想上。「放下這本書，」他好心地勸我說：「為了你好，快去找一份好差事吧。」

不過，我可不是一個耳根子軟的人，對於一個我已追尋了一輩子的夢想尤然。我不肯死心，繼續翻閱其他的章節，看到的還是滿紙的問題，處處都在警告著我，經營餐館這一行極為殘酷的現實：面對上門討債的債主、敲竹槓的混混、以及那幫想吃頓白食的親朋好友，你要如何應付呢？衛生檢察官員明天就要來了，你要如何處理蟑螂橫行的問題呢？冰箱壞了，使得食物變得腐敗又噁心怎麼辦？生意最好的那晚，服務生卻突然要辭職不幹了？客人老是不上門，你要怎麼辦？客人真的上門了，你又該怎麼應付？有人藉酒裝瘋大吵大鬧？有人吐得滿地？

最後，我被他給說服了，雖然有點悵然若失，人卻變得清醒了些。我拋卻了心中對開餐廳所存的幻想，此後安於顧問工作的俗務中。

你是否曾經夢見自己當起了顧問？可以到一些浪漫迷人的地方去旅行，還有公司來付帳？你向心急如焚的客戶一提出絕佳的建議，他們就如獲聖旨般，二話不說，埋頭照做？工作既輕鬆又可賺

進大把的鈔票？

　　對於我們這些在工作上總覺得鬱鬱不得志的人，若想逃離工作的樊籠，「幻想去做個顧問」只以極些微的差距敗給「幻想去開家餐廳」，而排名第二。因此，在深入探討顧問工作的其他祕密之前，我們得先談談其中的第一號祕密：

顧問工作不像表面上看來那麼容易。

本章將要說明其中的原因安在。

顧問工作的雪碧法則

　　一位幹總經理的人，當面對著一份預算書，而其中多數的預算細目都是讓人摸不著頭緒的高科技活動時，若想要提出一些批評的意見是很困難的。比較偷懶的做法，是挑出那些他比較熟悉的部分來下手，像是郵資啦、大樓的管理費啦、以及顧問費用之類的。

　　大凡做總經理的或許不知道微電腦程式設計或微觀經濟學是啥玩意兒，但他們對顧問在搞些什麼把戲懂得可多了。我尚未遇見有哪個幹總經理的，不說個他最得意的笑話來調侃顧問的，而這些笑話對顧問可絲毫不留情面。不過，我也未曾遇見有哪個幹顧問的，不說個更刻薄的笑話來諷刺總經理的。

　　在高科技這一行，花在顧問身上的錢一直都是一筆龐大的費用，但由於經理人與顧問間天生世仇的關係，往往使得這筆費用大多被浪費掉了。能夠理解彼此間先天就帶有相互仇視心理的經理

人，將可從顧問的費用上得到更大的回報。這是為什麼我經常要向幹經理的人和幹顧問的同行來切磋一下有關「改善彼此間的互動」這類的題目。

　　即便如此，我的演說還未曾遇到過經理和顧問同在聽眾席上的場合；當第一次遇到時，我差點就引發一場打群架的互毆事件。在一段漫長的雞尾酒時間之後，趁著大伙兒剛吃完一頓豐盛的牛排大餐，我講了一個笑話以吸引大家的注意：

　　春回人地的第一天，老柴和老陸結伴去獵熊。當他們走到小木屋的時候，天色已晚，不宜再出去打獵，於是他們就把第一個夜晚耗在減少啤酒的庫存上。天將破曉時分，老陸先醒過來，走到屋外往樹叢中大肆紓解一番。不幸，在他返回小木屋的途中，與一隻出來尋找早餐的大灰熊狹路相逢。大灰熊朝著老陸這邊就衝了過來，老陸也朝著小木屋拔腿狂奔。眼看著大灰熊就快抓到老陸的脖子，突然間老陸絆到了門前的階梯，當場摔了個狗吃屎。而大灰熊因為跑得太快，一時間煞不住車，就越過老陸的身邊，直接衝進了小木屋半掩著的門裏去。此時老陸靈機一動，趕緊爬起身來，猛然關上門，緊緊地扣住門閂後，就對著屋內熟睡的老柴大聲叫道：「老柴，這隻熊的皮就由你來剝啦，我還要去抓別的熊呢。」

　　這笑話令眾人捧腹不已，不想突然有位醉得紅光滿面的經理老兄高聲叫道：「那不正是在說顧問嘛，他們就只會空口提出一大堆的問題，然後去給我們經理去解決。」

聽了這話，不少人頗不以為然，其中一位顧問頓時就站起身來反駁道：「你可把話給說反了吧。老陸才代表經理。做經理的人都把容易的事留給自己，一旦碰到他們處理不了的難題，就把它和顧問一起反鎖在小木屋裏。」

此話一出，整個場面就完全失去控制，連我趁亂溜下台去又拿了一份甜點都沒有人發覺。我一邊用勺子去挖那已有些融化的三色水果冰沙（sherbet），一邊盤算要用什麼法子來化解激憤的群情，以幫助這些經理和顧問大人們能多多了解對方。

或許是三色水果冰沙所帶來的靈感，浮現在腦中的是我的好友羅傑・豪斯曾告訴過我的三大法則，他稱之為「顧問工作的雪碧（Sherby）法則」。我從未見過雪碧其人，但我很喜歡她的法則。我尤其喜歡這種聽來不太合乎常理的法則，在聽眾已然失控的情況下，想要重新抓回眾人的注意力，這一招特別管用。於是我對著麥克風乾咳了兩聲，盡量擺出一副權威人物的架勢，當眾宣佈：「我們顧問這一行裏有三條不得違反的法則。通常，我們不會在客戶的面前提起，但是我如果把它們透露給今天在場的諸位經理大人們，我想這對雙方都會帶來極大的益處。」

一聽到有人要透露他那一行的祕密，聽眾很快就恢復了秩序，我繼續說道：「這三大法則是所有顧問在接到一個新客戶時都必須牢記在心的。」我一個字一個字慢慢地把三大法則唸出來，並逐一寫在黑板上：

顧問第一法則：

不管客戶怎麼跟你說，一定有問題。

顧問第二法則：

無論問題乍看之下如何，問題一定出在人身上。

顧問第三法則：

不要忘了他們付給你的薪水是按小時計費，而不是按解決問題的方法計費。

如我所料，眾人聽的是一頭霧水，頓時就安靜下來。在成為了全場注目的焦點後，我繼續這場談論「客戶與顧問間關係」的演說。

一定有問題

　　年輕的顧問最感到不解的，就是到了客戶的辦公室後，所聽到的第一句話竟然是：「我們這兒沒有任何的問題。不管事情有多困難，沒有我們應付不了的。」

　　還真有不止一個的菜鳥顧問由於太無知，竟然回道：「既然沒有問題，那麼你們為什麼還要找我來呢？」這話聽起來非常合乎邏輯，但是邏輯和官場文化完全是風馬牛不相及的兩碼事。在管理階層的官場文化中，你能想到最糟糕的事莫過於向別人承認自己有應付不了的問題。如果你真有需要別人幫忙的地方，也要不動聲色，暗地裏找人來偷偷解決，萬萬不可在公開的場合上承認自己手上有任何一丁點的問題。

百分之十的承諾

　　沒有一個正在接受治療的病人會說自己的身體很好，沒有任何的毛病，然而「顧問第一法則」卻告訴我們，所有的客戶都打死也不會承認自己有什麼毛病。單單為了這一點，就讓顧問吃足了苦頭。你若決心再也不要吃這個苦頭，那麼你得先把客戶大肆吹捧一番，誇讚他有多麼地能幹，然後才問他可有自己能效勞之處，以便讓事情能夠更臻完善。很少有人會承認自己有任何的毛病，但絕大多數的人都願意承認自己有一些值得改善的地方。除非我們是真的病得不輕。

　　千萬要注意，絕不可因為急著要得到這次顧問的機會而把這套把戲玩過了頭。你如果承諾了太多的改善，客戶也絕不會因此就聘請你，因為那等於是強迫他們承認自己有問題。將「顧問第一法則」加以延伸，就成了「百分之十承諾法則」：

**　　絕不承諾超過百分之十的改善。**

事情惡化的程度若不超過百分之十，在多數人的心目中，還是落在「沒有問題」的範疇。但是，顧問順利完成的改善幅度若是超出了這個範疇，就會讓主其事者感覺自己的顏面盡失。

百分之十的解決

　　另一個延伸就是「百分之十解決法則」：

如果你一不小心超過了百分之十的改善，也絕不能讓別人發現。

想要不讓別人發現，最保險的做法當然就是想盡辦法把功勞都推到客戶的身上去。不知掩飾自己偉大成就的顧問，就像把鞋子擺在餐桌上用餐桌布擦鞋的客人。下次絕不會有人再邀他來作客的。

一定是人出了問題

經理人員為了避免提及他們有自己處理不了的問題，所用的妙方是把「問題」換個稱謂，改稱為「技術問題」。「技術問題」就不是經理人的責任了吧。此外，在高科技的行業裏，想要將所需的專門人才全都網羅到自己的旗下，是絕對辦不到的一件事。

總經理在審查預算的時候，為了顧及手下諸經理的顏面，會容許他們假技術顧問之名，以掩飾聘請管理顧問之實。人人都會有需要他人幫助的時刻，又何必搞得大家面子上不好看呢？

即使那個問題「真的」是個技術問題，深究起來往往也是肇因於經理的作為或不作為。雖然如此，有經驗的顧問會刻意避免直接挑明一個事實：所有的技術人員當初都是管理階層所晉用，而負責培養他們的也是管理階層。同時，顧問會釐清事先是誰該預防這類問題的發生，或在問題發生後是誰該負責善後處理。

馬文法則

將「顧問第二法則」加以延伸，就成了「馬文法則」中的一

條：

不管客戶正在做什麼，建議他另一種做法。

萬變不離其宗，人會出的問題若不是缺乏想像力，就是缺乏洞察力。對問題太過熟悉的人往往會不斷地重蹈錯誤的覆轍，緊抓著當初就行不通的做法。那個做法若是可行，他們也不會去找顧問了。因為埋頭苦幹的人偶爾會看不清整體的情勢，總經理對於那些從未到外面找顧問來幫忙的經理要特別留意。因為「不識廬山真面目，祇緣身在此山中」，一個人若與問題纏得太緊，往往就會看不清他身陷的麻煩有多大。

別忘了他們付你的薪水是按小時計費

「顧問第三法則」可以解讀為：顧問應當盡其所能地從客戶身上搾取最多的鐘點費，但此法則的本意絕非如此。有許多優秀的顧問都曾嘗試按照問題解決方法的優劣來報價，但就我所知還沒有人能夠辦得到。若想如願，你得先讓客戶承認兩件事，第一，他有問題，第二，問題還蠻大的，大到他理當付一大筆錢給你來幫他解決。

其實「顧問第三法則」旨在提醒顧問：如果客戶曾經為缺乏解決問題的方法所苦，那麼他們為解決問題的方法已經付出了代價。每個人的內心深處無不希望能夠驕傲地對自己的上司說：「你看，我們早已知道有問題了，而我們也正努力地設法去解決。我們連顧問都找來了。」

然後，當顧問的前腳剛走，他的說法立刻就變了：「怎可期待我們能夠把這個問題解決呢？我們高薪請來的顧問已經搞了三個月，連她也解決不了。這必然是個無法可解的問題。」

功勞法則

簡言之，經理花錢想買的，或許不是解決問題的方法，而是可以用來搪塞他們上司的一個藉口。將「顧問第三法則」加以延伸就成了「功勞法則」：

如果你計較功勞是誰的，就什麼事也做不成。

客戶若是想要把功勞歸給顧問，就必須先承認問題有解決的方法。而為了要承認問題有解決的方法，客戶必須先承認自己原本就有問題，而這無異於緣木求魚。因此，只有那些表面上看來沒有任何績效的顧問，才是客戶下一次還願意請他來的人。

這樣的顧問實際上是否真的做出了什麼成績，這是一個千萬碰不得的問題。不管你的答案是什麼，都會害你失去未來繼續當顧問的機會，因此一個稱職的顧問絕不會讓任何人有提出這個問題的機會。很不幸，一個不稱職的顧問也做得到這一點。然而，兩者之間的差別在於：每當稱職的顧問一出現，**客戶就能把問題解決掉。**

蒙面俠的幻想

辛苦工作了半天卻得不他人的讚賞，是一件讓人非常難以忍受的事，尤其是當我們的欲望得不到滿足時，必然會影響到我們顧問

工作上的表現。有一位凡事一絲不苟的顧問，看到了「雪碧法則」及其延伸的法則之後的反應是：「它們並不適用於電腦顧問的工作，因為在這個行業裏，客戶花錢是真的有心要解決問題，況且一個總經理若能勇於承認自己不懂電腦或技術，還會被人視為一種光榮的標誌呢。」只為了滿足她個人心理上成就感的需要，這位顧問可能反而扼殺了不少顧問工作的機會：與總經理大人們共事的期間，或許她在無意間製造出一個情境，迫使對方要為一件事負全責——那就是他們，身為經理階層的人，所建立的技術機構竟無能去解決自身的問題。

與這位顧問呈鮮明對比的，另外一位顧問寫道：「我一直在嘗試，能提供具多重選擇的策略給學校老師們，讓他們可以用在學童的問題上，此外，我總是公開地讚揚那些能夠完滿地填補學童需求的老師。我也一直在嘗試，希望把這些技巧傳授給他們，以便他們日後遇到相同的問題時，能不用依賴我。但是，我自己的內心也有欲望需要滿足，因此我就虛構出一個蒙面俠的幻想。每當我完成了一個顧問案的時候，我會幻想自己正朝著一輪夕陽快馬絕塵而去，當其時，老師們都搖著頭同聲讚嘆道：『那個蒙面的女俠究竟是誰啊？』」

我自己也會有相同的幻想，而許多在收音機當道的年代長大的年長顧問亦復如此。不太熟悉蒙面俠的年輕顧問，或許會把蒙面俠的幻想解讀成：

客戶不表達感激之情的時候，就幻想他們是被你優異的表現給

嚇呆了——不過別忘了，這只是你個人的幻想，而非客戶的幻想。

顧問第四法則

在從事組織人事的顧問時，「顧問工作的雪碧法則」所顯露的，是經理與顧問兩者間本質上的競爭關係。經理與顧問都是依照解決問題的能力來支薪的。兩者之中不管要哪一方去承認需要另一方的幫助，無異是承認自己的無能。只有那些最優秀的經理和顧問，才能夠心胸寬闊到願意去承認，單憑一己之力是無法成事的。即使貴為經理的人，有時也難免需要有蒙面俠的幻想。

同樣的矛盾也會發生在任何聘請顧問的人身上。的確，你大可將「顧問」定義為「某個幫你解決問題的人，而那些問題在你看來，憑你一己之力亦可解決」。因此，聘請顧問一事，總是被人當作是在承認個人的能力不足。一個顧問要是無法將問題解決，反而會被客戶視為是個人的成功——除非，當初這個顧問是由客戶本人請來的，這樣的話，所有顧問失敗的帳就要算到客戶本人的頭上了。

對於那些沒有參與「是否要聘請顧問」決策的人，就沒有這樣的包袱，當他們看到顧問對問題也束手無策時，反而會暗自竊喜，這就讓我想到「雪碧法則」中最後的一個法則：

如果別人沒有僱用你，千萬不要去解決他們的問題。

「顧問第四法則」要說的是：你千萬不要忘了，所謂的顧問工作是指，受了他人請託才去影響他人想法的一種專門技術。顧問最常犯的職業病就是不請自來地提供「幫忙」。這樣的行為不但對你銀行的存款沒有好處，而且也幫不了什麼忙。非但如此，這麼做往往還會愈幫愈忙。

草莓醬法則

為什麼我會上當學乖，發現到「顧問第四法則」，這要從我小的時候說起，從小我就立定兩大志願：幫助別人，並藉此大賺其錢。終我的一生，為了要在這相互矛盾的兩大志願間取得平衡，可說是吃足了苦頭。

我的第一份工作是洗盤子——這是把一個骯髒的世界改變成一個乾淨的世界的最佳途徑。我一直都能從洗盤子的工作中得到許多樂趣。雖然它的酬勞不怎麼樣，不過，當我歷盡艱辛，終於打敗那些黏兮兮的草莓醬時，心中總是會有強烈的成就感。不幸，當我用其他的方法來改變這個世界的時候，像是顧問、教練、演講、或作者等，結果卻完全不是那麼回事。唉，「草莓醬法則」是我終身最頑強難纏的敵人。

洗盤子會使我與我工作的對象間產生一種圓滿又親密的關係，我手上的每一個動作都會產生立竿見影的效果——乾淨的叉子、打破的碟子、或亮晶晶的高腳杯等。我的兒子若是發現咖啡杯的把手上還沾著花生醬，就全要怪到我的頭上。我的岳母若是看著那閃閃

發亮的煎鍋鍋底，對自己的容貌贊不絕口，那個功勞也全是我的。雖然挫折會使我感覺痛苦，但我也學會了如何去爭取更多的勝利，這正是「工作滿足感」的精隨。

當成為一個洗盤子顧問的那一天，我就喪失了這種立即的滿足感。客戶如果碰上花生醬沒洗掉的問題，我能提供的只是一些改善的建議，至多是親自示範改善的技巧。但是，不管我再怎麼努力，沾在那兒的花生醬還是紋風不動，因為如今所有的想法都要經由客戶才能夠實現。

失去了親自洗盤子的親密感，做為一種補償的，是顧問對於世界上黏搭搭的東西、油膩、污垢等，有了更大的影響力，因而可獲得更大的滿足感。用洗一百個馬克杯的時間，我可以教兩個人學會我洗杯子的方法，即使我不在場，他們也會洗得跟我一樣好。我在品質上所失去的，在數量上得到了補償。

當我晉級成為一個洗盤子的教練，對於品質和數量間的取捨，我不得不做出更大幅度的讓步，因為訓練只是一種更為廉價的顧問方式。不再將全副精力放在單一客戶的身上，取而代之，我設計出一種可有十五到二十個人參加的研討會。每位參加者能夠學到的東西雖然少了一些，不過費用卻低了許多，因而使得我散播知識的市場得以擴大。當然，總有兩三個人會因為學不到要領，反而使他們的盤子變得比從前更髒。但是，讓知識能夠傳播出去，不是一件很有意義的事嗎？

繼續晉級成為一個洗盤子的演說家，我可以把自己顧問工作上的建議傳播得更廣，一次就可傳授給數以百計、熱心求教的客戶。

說真的，有些聽眾有睜眼睡覺的本事，有些甚至會在我說「洗掉花生醬」時誤聽成「塗上花生醬」。即便如此，我應該重視的不是「為更多的人謀取更大的福祉」嗎？

話已至此，怎能就此打住呢？由於神奇的印刷機出現，我得以將我的金玉良言送到數十萬個客戶手上。如果我這本談論洗盤子的書夠暢銷的話，我甚至可擁有數以百萬計的客戶呢！非但如此，我還可以有數百萬美元的進帳呢！

對了，接著要談可以賺多少錢的問題。照目前的行情，一般以洗盤子為業的人一年約有九千美金收入。相較之下，一個顧問可以賺到三萬美金；一個教練，五萬美金；演說家，八萬美金；而一個作家（要比我還好的！），十五萬美金。就每一個行業來看，你服務的客戶越多，能賺到的錢也就越多。

此中的含義甚為明顯，沒有人能夠靠著洗盤子而發財，不論他們可以從立即的滿足上獲得多少的樂趣。再者，雖然顧問的日子可以過得不錯，但他們無法提早退休，不像有些知名的演說家或作家。因此，讓你的雙手不要去摸盤子，而改為放在鍵盤上！若能如此，你不但會變得更富有，而且還能對國家整體的衛生和清潔造成更重大的影響呢！

若是沒有那條可惡的「草莓醬法則」作祟，或許如意算盤真的可以這麼打。這一條既阻礙我成為快樂的有錢人，又顛撲不破的法則，究竟是怎麼一回事呢？拿出一小罐草莓醬加上幾條麵包來做個實驗，你很快就會明白：

果醬塗的面積越大，就會變得越薄。

嗚呼！哀哉！我們這些想要改變世界且藉此致富的人哪！「草莓醬法則」的確是一條符合大自然的法則，其牢不可破的程度猶如熱力學第一定律[1]。你若想把果醬塗得又厚面積又大的話，就跟想要打造出一個可永恆運動的機器一樣難。此法則的另一種表達方式是：

影響力或富有，就看你要選哪一個。

任何立志要幫助他人的人都不得不在「草莓醬法則」之前屈服。或透過擴音器大喊大叫，或對著麥克風輕聲細語。或訓練一批門徒，或建立一座教堂。或開班授課，或成立一所大學。所有的這些方式無一能撼動這道神諭分毫。

溫伯格的雙胞胎法則

為了要測試「草莓醬法則」的真實性，我曾寫過一本書，書名叫做《電腦程式設計的心理學》（*The Psychology of Computer Programming*）。一如該法則所斷言，這本書確實讓我發了一筆財

---

1 譯註：當有熱能由於溫差的原因，由外界傳入一物體，通常會有溫度升高（粒子平均動能增加）且體積膨脹（對外界做功）的情形。我們把物體內所有粒子的總機械能稱為該物體的內能，則由能量守恆可得：系統吸收的熱能＝系統內能增加量＋系統對外做功值。此即熱力學第一定律。

（一筆小財），不過對於世道人心也沒能發揮多大的影響。十多年後，它的銷路還是不錯，這表示書中所談論的問題依然存在。我知道一個人不該不知感恩，不過，我還是後悔這本書的書名取壞了。自該書付梓以來，就不斷地有人把我誤認是一個心理學家，而對我嚴辭譴責。雖然，有許多的心理學家兼具了顧問的身分，或有許多的顧問同時也是一個心理學家，但是，只有一種身分而沒有其他身分的也大有人在。因此，容我在此做個澄清，我目前不是，從來也不曾是，一個心理學家。當你覺得心情不好的時候，請不要寫信給我，向我討教該怎麼辦。如果你難忍衝動，想要從大賣場的貨架上拿些東西藏到你的燈籠褲裏，也請你打電話找別人幫忙。

我既沒有心理學家的資格證書，也沒拿過心理系的學位。從來沒有人告訴我「人類行為學的祕密」是什麼，連一個人類行為學的小祕密我都不知道。其實，當我唸大學的時候，我還故意**不去選**心理學方面的課程，甚至很怕被人看到我和某位心理系的教授走在一起。

直到不久之前，我還會懷疑，在整個的心理學領域當中，有百分之五十是錯的，有百分之五十是假的。我更懷疑，連那些心理學家們，也搞不清楚哪一半是錯的，哪一半是假的。不過，當我變得更為懂事些，我才開始佩服少數幾位心理學家所做的研究，因為他們大多會使用淺顯易懂的文句。

被人誤認為是心理學家，使我體會到做為一個心理學家的痛苦。如果你是一個核子物理學的專家，就不會隨時有愛鑽牛角尖的煩人傢伙，突然把你逼到牆角，強迫你要聽聽他們對於奇怪的夸克

有何最新發現的理論。但是每一個人，或每一個酒保，都無須有任何執照、學位、上課、受訓、或書籍等來壯膽，就可以自認為是人類行為學的專家。

對於領到執照的心理學家來說，不幸的事情是：若想去預測人類行為，十有八九都沒有什麼學問可言。我們從氣象學家身上可以學到的經驗是：你大可預測明天的天氣跟今天一樣，並且有三分之二的機會，你的預測是對的。這個簡單的方法使得每個人都可以冒充天候專家，雖然，只有百分之六十六的準確度。也難怪社會上會充斥著心理學的專家，因為人類的行為任何人都可預測到百分之九十，只要你懂得一個很簡單的法則：「溫伯格的雙胞胎法則」。

即使你去修心理學的課程，也絕對沒有教授會把「溫伯格的雙胞胎法則」教給你。你千萬不要因此而怒斥教授，或者要求校方退費，因為沒有任何人會把他專業上的機密洩露給外人。如果你早就知道課堂上所學的，只能涵蓋了課程內容的百分之一，而其餘的百分之九十九，不用一分鐘即可輕鬆學會，這樣的話，你還會去修那門心理課嗎？

如同許多偉大非常的法則一般，這條法則的出處實在不值一哂。有一次，我與內人丹妮搭乘 M104 號巴士，在一個冬日尖峰時刻的昏暗夜色中駛往紐約的百老匯，途中一位面容憔悴但長相標緻的年輕婦人上了車，身後緊跟著八個小蘿蔔頭。「車票總共要多少錢？」她向司機問道。

「成人三十五分錢，五歲以下的孩童免費。」

「那好，」她把手上抱著的兩個最小的傢伙當中的一個換到另

外一邊，以便能空出手來拿皮包。丟了兩個銅板到收費箱後，她就率隊往車後頭走。

「喂，等一下，小姐！」司機老大不高興地說，用標準的紐約公車司機特有的口氣：「你以為我會相信這八個小孩都不滿六足歲嗎！」

「他們當然都還不到六歲，」她不悅地回答：「那兩個是四歲，兩個女孩子三歲，這兩個剛會走路的才兩歲，我手上抱著的都還一歲。」

司機聽得啞口無言，連忙陪不是：「啊！小姐，對不起。你一直不停地生雙胞胎嗎？」

「天哪，才不是呢，」她說，費力地整理一綹棕色的頭髮。「多數的時間，我們沒有生任何的小孩。」

突然間丹妮看著我，我也看著她。和其他的乘客一樣，我們對這個腦筋急轉彎式的回答大感新鮮，但立刻有一個更深層的領悟閃過了我們的腦際。

我們剛剛才結束了一個令人沮喪的顧問工作，即使我們使盡渾身解數，似乎也得不到任何改善的跡象。我們一直都想不通到底問題出在哪裏，但是當我們一想到這對可憐的夫婦，做著天底下任何可憐的夫婦都會做的事，而在多數的時候卻製造不出任何的嬰兒，更別提雙胞胎了，這個啟示讓我們得到我們追求了一生的頓悟。

多數的時間，在世界上多數的地方，不管人們有多麼的努力，不會有任何有意義的事發生。

　　你大可試試這個結論對不對。看看你的四周，然後閉上你的眼睛一分鐘。當你睜開眼睛，多數的時間，你會看到幾乎完全相同的景象。換句話說，對於世界上多數的系統而言，對於它們下一刻的行為所能做出最好的預測，便是它們會做上一刻正在做的事。

　　我倆高興萬分！為什麼不高興呢？你看，我們所得到的這個法則，不管你把它應用到哪裏，都是同樣的好用，舉凡行星或是化學合成物、瓷器或是牡丹、國會或是睡衣。而最妙的，它可以用到人身上。

　　然而，為了種種的原因，我們對此一偉大的發現沒有做任何的事。若是採取任何有意義的行動，那不就違反了「溫伯格的法則」的原意。唉！我們可以找出一大堆好的理由來替自己什麼事都沒做辯解，但理由只是一些空洞的言詞。而此法則所要談的，無關乎言詞，只關乎事情的結果。言詞輕易就可變來變去，卻成就不了什麼事。

　　為什麼「溫伯格的雙胞胎法則」的發現，無法讓我們夫婦揚名立萬呢？似乎絕大多數的人都宣稱，自己早就懂得這條法則，雖然他們從不曾告訴我們，在哪一份有水準的刊物上可找到此法則的詳盡介紹。非但如此，每一個人也會號稱自己是一個心理學的專家。

　　或許問題在於，人們對於法則懷抱了太多的期望，對於心理學的法則尤烈。人們會殷切地盼望，「法則」能夠指引他們如何去改變，更重要的，能夠指引他們如何去改變他人。但結果卻令他們大失所望，「溫伯格的法則」能夠告訴他們的只是：他們所做的努力，大多是一場徒勞，即使想要改變的是他們自己*。

魯迪的大頭菜定律

　　我不是一個極端的悲觀主義者。我承認，偶爾有些人可以把一個問題真正地解決掉，有時我自己竟然可以把一個我私人的問題給解決了。就像在昨晚，我突然聽到家裏的水龍頭不停地在滴水，從那一刻起，我再也無法安心入睡。我爬起床，想要把水龍頭關好，結果發現墊圈已經磨穿了。我跌跌撞撞地走到地下室，取出工具，找到替換的墊圈，又搖搖晃晃地爬上樓梯，換好墊圈，水也不漏了。我對自己的成就甚感滿意。

　　夠資格做顧問的人都會有能夠把幾個問題給真正解決掉的早期的經驗，這種滋味甜美的誘餌日後會鼓勵他們一再去嘗試，而一連幾次僥倖的成功就變成了終身的陷阱。我的第一個工作是送報生，沒多久，就升級到一家有四個高腳椅的藥房裏當冷飲販賣員。賣了數千杯之後，我一路向上攀升到有六個高腳椅的店，然後是十二個。每一個工作都會面臨一連串新的小問題，但都被我輕易地一一克服。

---

* 我和丹妮終於出了一本完整的書來討論「為什麼溫伯格法則會無所不在」這個主題，書名是《*On the Design of Stable Systems*》，如果你想要買一本，我們相信出版商 John Wiley & Sons 會非常感激你，我們自己也樂得收取版稅。那本書比起這本書要厚重些，不論是在重量上或討論問題的方法上。或許你會更喜歡那本書，但是如果你以為它會教你如何去改變世界，那你注定要大失所望。草莓醬法則萬歲。

　　一個讓我大顯身手的機會在十三歲的那年落到我頭上——我得以在一家大型超市擔任替補的貨品陳列員。做為一個替補的貨品陳列員，就是每當有正式的貨品陳列員休假時，我就得到店裏的每一個部門工作。因為這份工作，使我有許多機會去學習整套的食品雜貨的經營方式。不到幾個禮拜，我對店裏大部分的運作都很熟悉。於是，我開始留意身邊有什麼問題需要我來解決。

　　首先，我發現了一些固定的行為模式。我注意到香煙展售櫃後面的那個檯子，它成為顧客臨時改變心意時，把一瓶瓶的橄欖和一袋袋的豆狀彩色軟糖偷藏起來的場所。我又注意到，即使我把製造日期較久的貨品排在最前面，但顧客想要買有標示日期的乳製品時，總是依相反的順序來取貨。

　　最重要的是我注意到大頭菜。我不單注意到大頭菜，我還跟它們混得很熟。我發現每一顆大頭菜都有獨特的個性，而週復一週我看到相同的一群大頭菜從相同的農產品展售區對著我微笑。顯然，沒有一個人來買大頭菜。大頭菜成為店裏的長期擺飾，帶著燦爛的笑容面對著所有的顧客。

　　有一天早上，我和魯迪，他是農產品經理，一起站在農產品展售區，思索該如何利用有限的展售檯空間來放置新鮮的蔬菜。這個問題困擾了魯迪很長一段時間，但他仍想不出一個好法子。他隨口問我有沒有什麼好的主意，就這麼我搖身一變成了顧問。

　　「我注意到了，」我向他建議：「大頭菜似乎不大受歡迎。說實話，它可能是店裏最不受歡迎的一種蔬菜。如果不浪費任何展售檯空間來放大頭菜，而改放其他蔬菜的話，這樣會造成店裏重大的

損失嗎？」

　　魯迪斜著眼看了看我，我心想自己闖了大禍，我只不過是個臨時的貨品陳列員，居然膽敢認為自己有本事幫他解決他的問題。不過，是他自己先開口請我幫忙的。出乎我的意料，他突然笑了起來，抓了一個裝香蕉的空紙箱，把所有的大頭菜都掃進箱子裏，然後對我說：「這是個好主意，小伙子。」

　　我帶著顧問的驕傲微笑著。一個大人居然願意真心聽我說話，甚至接受我的建議，這可是我生平頭一遭。魯迪看了一眼少了大頭菜後空下來的左半邊，再看看我，然後望著還未上架的那一堆蔬菜，又看看我。過了好長一段時間，他說：「嗯，小伙子，剛才那個主意很好。現在，最不受歡迎的蔬菜是哪一個？」

大頭菜之後，然後是哪一個？

　　此後，我的顧問工作遇到過的客戶多如過江之鯽，但我永遠不會忘記魯迪用他那沙啞的聲音向我提出的那個要命的問題。我的好主意有個致命的缺點，那就是，雖然我能把最嚴重的問題給幹掉，但總是會留下之前排名第二嚴重的問題。

　　我在授課時，經常會碰到令人頭痛的學生，顯然他們是我最嚴重的問題，如果我勸退成功讓他們自動退課的話，有極短的片刻我心中會想說：「現在，狀況良好。」

　　這個想法還沒能成形，會有另一個學生冒出來開始製造麻煩。這個新的頭痛人物之前是我第二嚴重的問題，因為第一嚴重的問題已經不在了，他就爬到排行榜的頂端。不過，我偶爾會適時地想起

「魯迪的大頭菜定律」，就像在昨夜，我修好了水龍頭之後。

　　我爬回床上時心想：「現在最吵人的聲音沒了，可以好好地睡個大頭覺啦。」有幾分鐘的時間一切都很安靜。然後，我開始聽到屋外鬆脫的天線在風中劈啪作響，敲打著窗戶。受到墊圈一役成功的鼓勵，我大可帶著兩層樓高的梯子，衝到陰冷的屋外，去把天線給修好。但是魯迪的話在我耳邊警告我，這麼做只會有一個結果，那就是我又會發現其他的問題。於是，那條可惡的天線就整夜地在那兒劈啪作響，害得我一夜都無法安眠。還好，我也沒從哪個梯子上摔下來就是了。

　　沒有任何的方法可以讓你躲過「魯迪的大頭菜定律」的毒手：

一旦消除了你排名第一的問題，原本排名第二的問題就會自動升級。

　　做為一個顧問，對於客戶的問題我往往會太過投入，以致我相信我是真的有本事，能夠一勞永逸地替他們消除各式各樣的問題。但根據魯迪的說法，總是會有新的問題浮上檯面。

顧問的困難法則

　　本章一開始，我就誇下海口，要打消閣下想進入顧問圈的念頭。首先，我使出「雪碧法則」來打擊你，警告閣下沒有人會真心稀罕你的幫忙，而即使有人表面上開了尊口說要請你幫個忙，其實他們也只是說說場面話，不能當真。

　　然後，我又祭出「草莓醬法則」，向你證明，若是妄想要既做個有成就的人，又能賺取相當的收入，那麼，不管你多麼努力，終將是一場徒勞。但是，這些與「溫伯格的雙胞胎法則」相較，只能算小巫見大巫，這個法則清清楚楚地昭告我們，無論如何你都不會有所成就。

　　或許你的運氣不賴，因緣際會而小有些成就，但又跑出來一個「魯迪的大頭菜定律」，對你當頭潑了一盆冷水，它向你證明，你不過是造就出一個新的問題，來取代你千辛萬苦才解決掉的舊問題。你若是不信邪，再加上一些不太可能發生的僥倖，你居然將第二個問題也給幹掉了，但是還有下一個問題會冒出來。然後，還有再下一個。然後，還有下下一個，有無限多的下一個。

　　你翻開本書的那一刻，你的初衷是想請我當你的顧問。所有的這些祕密，我也都告訴了你，它們可是我畢生顧問工作的心血結晶。此時，你應該把這本書扔進字紙簍裏，當場宣佈你決心要放棄你那愚蠢的幻想。但是，根據「草莓醬定律」，十有八九，我苦口婆心的教誨，你一樣也聽不進去。

　　說實在的，如果你有心要做顧問，而且堅持到現在還沒有把這本書扔掉的話，這很可能是一個好預兆：你不是一個輕言放棄的人。單單為此，我現在要給你一些獎勵，讓你能夠真正一窺顧問工作的祕密：「困難法則」、「更困難法則」，以及「最困難法則」。

困難法則

　　我們已經明白「改變」是多麼困難的一件事。這些困難讓你領

教到，做顧問時所採取的各項干預措施，絕大多數都發揮不了什麼作用。如果展望你的工作，前景不過爾爾，而這樣的結果會讓你的心境陷入極度沮喪的話，那麼，你最好不要踏入顧問這個行業。不過，你若已經吃了這行飯，那麼，也只好學著容忍失敗。

這就是我所說的「困難法則」：

若是不能接受失敗，你將永遠無法成為一個成功的顧問。

這條法則常人真的很難做到，不過，若是用倒轉的方式來表達它，則可以讓我們看到一絲的希望：

確實有人能把顧問的角色扮演好，因此一定有克服失敗的方法。

那麼，持續推動著一個成功顧問的，是哪些因素呢？即使在他們遭到失敗的時候？

更困難法則

為什麼一直會有新的問題冒出來呢？依我看來，每個人都需要不斷地有問題非他們解決不可——而我們顧問在所有的人當中，對此種需要最感強烈。對我們而言，解決問題即生活。我迫切地需要有問題存在，以致若是沒有問題的話，我就得製造一些問題。而我還真是這麼做的。

魯迪有更好的一種說法，那就是「更困難法則」：

**一旦你解決掉你的頭號問題，等於你給了排名第二的問題一個
出頭的機會。**

不論情況如何，都有能力找出問題何在，這是顧問最大的本錢，也
是顧問的一種職業病。若想成為顧問，你必須要視問題如寇讎，但
是，若不能忍受要與問題長相廝守的話，顧問這樣的工作會要了你
的命。

此話的意思是你必須放棄*設法*解決問題嗎？完全不是。它的意
思是你必須放棄一個錯誤的想法，那就是終有一天你將*完成*問題解
決的工作。一旦你願意放棄這個錯誤的想法，你才能夠在某些時刻
放鬆自己的心情，讓問題去自生自滅。

能夠解決問題的人，日子的確可以過得比較好。但是，能夠對
問題視而不見，而且是刻意如此的人，卻可以過最好的日子。如果
這兩樣你都做不到，就不要來當顧問。

最困難法則

很顯然，我要臉皮夠厚，感覺夠鈍，才能接受失敗，裝作看不
見問題。否則的話，我早就離開顧問這一行，當然也不會在這裏寫
這本有關如何幫助別人的書了。

因此，現在我要讓你一窺堂奧，看一個大祕密，這是到目前為
止最大的一個祕密。我寫這本書的目的並不是為了你，而是為了*我
自己*。其實，這也是為什麼我會做顧問的主因，因為在我設法幫助
別人的過程中，一剛開始對我個人的助益反而超過了我帶給客戶的

助益。

在我的書桌上放了一首小詩，正足以表達其中的哲理：

若想人多勢眾，就去當一顆星星；

可以散佈得既寬闊又遙遠。

然而，你若想去改變太陽，

最好能從排名第一的下手。

這首詩聽起來充滿了自私，也充滿了弔詭，但是歸根究柢來看，兩
者都不是。如果我把自己的問題和客戶的問題隨便夾雜在一起的
話，我就絕對幫不了客戶多大的忙。因此，在我著手處理客戶的一
團混亂之前，得先設法釐清我自己的一團混亂。

不幸，就像我自己的行為所顯示的：

幫助自己，要比幫助別人困難得多。

這就是「最困難法則」，而這也是本書的核心內容。

2 培養弔詭的心緒

cultivating a paradoxical frame of mind

這件事我們會做──而這是它得花多少錢。

──柳橙汁測驗

到目前為止，或許你已發現，多數顧問工作的相關法則所用的表達方式，不外乎弔詭的觀念[1]（paradox）、兩難的選擇[2]（dilemma）、和矛盾的說法（contradiction），而這些表達的方式有一共同點即是通常都相當的幽默。或許這樣的表達方式會讓你感到不可思議。或許你會認為顧問在所有的人當中，是最講究邏輯、最專心一意，而最重要的是，最正經八百的一種人了。你若真這麼想，那就大錯特錯了。

首先，顧問所販賣的商品是「改變」。大多數的人——也就是說大多數由人所組成的團體——在多數的時刻，做起事來都非常地合乎邏輯。而且，在大多數時候，他們是不需要顧問的。當邏輯行不通，才是他們真正需要顧問的時候。他們經常會遇到弔詭、兩難、或矛盾，簡言之，他們被卡在那兒動彈不得。

為什麼弔詭？

「卡在那兒動彈不得」使我回想到某一次的顧問經驗，當時有

---

1 譯註：paradox 是指相對立的特質或想法，同時並存，而形成不大可能的組合，乍看之下會覺得古怪甚至不可能，但仔細尋思後卻覺深富哲理。例如，因禍得福；欲速則不達；退一步海闊天空；福兮禍所倚，禍兮福所伏；欲擒故縱；龜兔賽跑；競合關係；雙贏策略等。

2 譯註：dilemma 是指提出均不利於對方的兩個或多個事物，迫使選擇其一的辯論法，使人陷入左右為難、進退維谷的困境。例如，父子騎驢；魚與熊掌不可兼得；顧此失彼；兩害相權；囚徒困境；順了姑情失嫂意；豬八戒照鏡子，裏外不是人等。

一台電腦真的卡在那兒不動了。公司的薪資程式在處理完第一位員工的資料後，就停在那兒空轉──而且是每秒空轉一千萬次，對此現象無人能給個合乎邏輯的解釋。程式設計師們列出一長串的理由給我，每一點都很合邏輯，來證明這個情況絕不可能發生──但是，奇怪的是它竟然就這麼發生了。要是不能在幾小時內將薪水單結算出來的話，就會有人吃不完兜著走了。

我根據雪碧的「顧問第二法則」得出了一個結論，那就是問題一定出在人身上。一個最顯而易見的人的問題，便是程式設計師們都陷入了恐慌之中，以致失去了思考的能力。他們已用盡所有的合乎邏輯的手段，卻都行不通，因此我決定要試試一個不合邏輯的辦法。我捏造了一個假的員工，名為丁一，他沒做任何的工作，也就不必付給他一毛錢的薪水。我把丁一的工時卡放在其他工時卡的前面，重新執行程式。他的工時卡理所當然地遭到了拒絕，誰知這麼一搞，其他的薪水單就都正確無誤地結算出來了。

如果邏輯永遠能夠暢通無阻的話，也就沒有任何人會需要找顧問了。因此，顧問所面臨的總是充滿了矛盾的情境，這也是為什麼我要給顧問如下的忠告：

不要講事理；要合人情。

有些顧問完全不能接受這個忠告，他們急於想要知道的答案，是諸如丁一事件的背後邏輯何在。在我嘗試捏造資料之前，也無法解釋我的「邏輯」是什麼，但我可以解釋為什麼我這麼做很合人情。說它合人情，是因為程式設計師們已被邏輯搞得腦中一片空白，早就

無法有效地思考。因此，不管我怎麼做，都很可能要比他們所做的更好。丁一是我胡亂中想出來的第一個，也是最簡單的一個點子，它如果行不通的話，我會再試試別的。

截至目前為止，凡是做電腦顧問的人可能會發覺，我並無意對丁一事件提供更進一步的說明，因而有被吊胃口的感覺，不過，我正是想讓他們感受一下，當他們遇上弔詭的情境，自己會有怎樣的反應。所有的讀者都會像他們一樣，在本書後續的討論中，會接觸到許多弔詭的情境，並非所有的情境都能夠加以解釋，或應該加以解釋。

我無法對每一件事都給他們一個合邏輯的解釋，因此有的讀者會對弔詭產生抗拒的心理，以致更為激烈地堅持凡事都該合乎邏輯才對。或許他們寧可講求形式上的正確，而不願講求實際上的效果。

在客戶開始出現不合邏輯的行為時，一個講求理性的顧問總是最容易出錯的，問題就出在：

自認為什麼都懂的人是最好騙的。

一旦做錯了事，這些顧問就會試圖以高度合理化的藉口來掩飾自己的錯誤。似乎他們相信，自己缺乏幽默感的行為會被旁人視為一種理性的表現。一般而言，他們的這種鬼話能夠騙過的大概只有他們自己。

在這充滿弔詭的世界上，每個人遲早都會犯錯。能夠了解自己為何犯錯固然是椿好事，但是，極端重要的大事通常只能用玩笑

話、謎語，和弔詭（似非而是的雋語）來加以解釋。生存所必備的條件，是我們能學會對事情一笑置之且重新開始，這就把我們帶到了下一個弔詭：

生命這檔事太重要了，以致不能嚴肅以對。

力求完美徵候群與取捨治療法

　　製帽人[3]吃了愛麗絲一頓排頭後，環目怒視，正待發作，卻只淡淡地吐出一句：「為什麼烏鴉會像書桌？」

　　「終於，我們可以做些有趣的事了！」愛麗絲心想。「真高興他們開始玩猜謎的遊戲——我有自信可以猜得出答案。」她又自言自語地說了起來。

愛麗絲很可能得了一種病，那是許多顧問也都得了的：無法抗拒「解決問題」的誘惑。因為不懂「魯迪的大頭菜定律」，愛麗絲上了製帽人的當，和他東扯西拉地抬了半天槓。最後，愛麗絲想要做個了結：

　　「妳猜到謎底了嗎？」製帽人把話題又轉到愛麗絲身上。

---

3 譯註：本文引自路易斯・卡羅（Lewis Carroll）的《愛麗絲漫遊奇境》（*Alice's Adventures in Wonderland*）。製帽人（Hatter）為了製作氈帽使用藥物而患上精神錯亂，舉止怪異，說話天馬行空，像個瘋子。

　　「沒有，我放棄了，」愛麗絲回道。「謎底是什麼？」

　　「我完全不知道，」製帽人說。

　　「我也不知道，」三月兔[4]說。

　　愛麗絲不耐煩地嘆了口氣。「我想你應該把時間花在一些有意義的事情上。」她說，「而不是把它浪費在問這種沒有答案的謎語上。」

　　「如果妳跟我一樣了解時間的話，」製帽人說，「妳就不會說出浪費它這種話。應該用他。」

　　「我不懂你這話是什麼意思。」愛麗絲回答。

愛麗絲又上當了。

　　愛麗絲不是唯一熱中於謎語的人，根據 Martin Gardner 的說法，在 Lewis Carroll 的那個年代[5]，謎語是許多文人室內冥想的主題。最後，Carroll 把他所獨創但完全沒有謎底的謎語寫了下來。然而，這麼做並無法阻止冥想，會有這樣的結果對深知「魯迪的大頭菜定律」的人來說，卻一點也不意外。

　　每個行業都有其獨特的職業病，十九世紀的製帽人易罹患水銀中毒症，這種病會影響到大腦，因此有「像製帽人般發狂」的說法。無法抗拒想要把問題解決掉的誘惑，只是顧問易患的諸多職業病之一。顧問，正如製帽人一般，經常會有瘋狂的行為，倒不是因為腦中有水銀在作祟，而是因為自己隨口開出了太多天花亂墜的支

---

4 譯註：三月兔（March Hare）。三月是野兔的發情期，此時的野兔野性大發，
　　狂暴易怒，不知何時發作。

5 譯註：1832-1898 年。

票，卻少有兌現者。有不少的顧問在應酬的午宴中傷了肝，要看大量的報告傷了眼，為開不完的會傷了背。但是，對他們傷害最大的職業病就是**力求完美徵候群**。

力求完美徵候群會發生在任何被人逼著要拿出解決問題方法的人身上。這是一種力求完美的神經發炎了的一種病症，這部分的神經系統需要對如下的訴求做出回應：

「給我一個花費最少的解決方法。」

「要盡可能在最短的時間內將工作完成。」

「我們必須竭盡所能地用最好的方法來完成工作。」

對一個健康的人來說，當力求完美的神經接收到這樣的要求時，會送一個信號給嘴巴做出如下的回應：

「你願意犧牲的是什麼？」

然而，對一個罹病的人，這條神經的通路已經受到了干擾，因此嘴巴會說出一些遭到扭曲的話，比方說：

「是的，長官。馬上就去辦，長官。」

取捨圖

力求完美徵候群所付出的社會成本相當大。任何人在執行專案時，要是曾經有過卡死不動的經驗，而這個專案又是出於某位罹病顧問的構想時，他一定會很想知道治療的方法——利用我稱為「取

捨圖」的一種物理療法。

　　圖 2.1 是取捨圖的一個範例，可以用來治療某位顧問，假設他所遇到的難題是：「設計出一個世界上跑得最快的賽跑選手。」這個圖是徑賽的世界紀錄中，速度對距離的曲線圖。所有的取捨圖都可以用此種形式的圖形來表示：某次表現的量測結果對應於另一次表現的量測結果。這些數據所表達的涵義是：在真實的世界裏，某一次表現的量測結果要如何對照著另一次表現的量測結果來做權衡取捨。

　　在這個例子裏，是要在速度與距離兩者間做出取捨。假定所謂

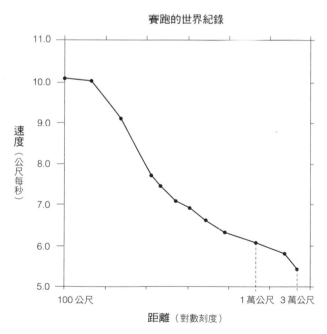

圖 2.1　賽跑的世界紀錄

世界紀錄是指在一定的時間內，你所能跑出最遠的距離，那麼，這條速度對距離的曲線給了你在設計解決方案時所要追求的目標，同時也讓你認識到這兩次表現的量測結果之間的關係為何，這重關係甚至在培養一個新的賽跑選手時也成立。

　　取捨圖顯示，假定所有其他的因素不變，你若想要跑得快，就必須把自己限定為短跑的選手。或者，你若願意跑得慢一點，你就可以跑得更遠。但最重要的是，它告訴我們：

你若不能捨，就不能得。

這層意義，我們稱之為「取捨治療法」。

　　若有人要求你雖要跑得快一點，但不必在一段很長的距離中都保持這種速度，那麼這樣的要求你可以辦得到。或者，所要求的是一位中長距離的賽跑選手，而你也願意跑得慢一點，那麼你或許能夠跑得更遠一點。但是，你不可能變成一個既跑得快又跑得遠的選手，而你也找不到一位可以跑得很快的長跑選手。

　　力求完美徵候群是會把人給弄糊塗的一種疾病，因為大家都未能認清取捨圖中先天上的限制。圖 2.2 顯示一位並非世界紀錄保持人的選手 X，在不同的距離下，所跑出的速度對距離的成績。因為取捨圖是由世界紀錄所組成，我們知道選手 X 的成績永遠不會超越它。選手 X 的曲線代表了某一特別的設計，相對於在這個二維空間中的最佳可能成績來說。看到這樣的一條曲線，我們可以判定選手 X 是一個起步很慢的選手，而且不具有短跑上的天分，但在長跑上卻很有耐力。

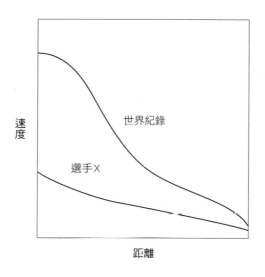

圖 2.2　一位長跑選手的成績與世界紀錄成績相比

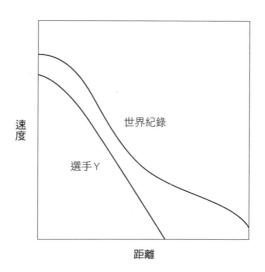

圖 2.3　一位短跑選手的成績與世界紀錄成績相比

　　在圖 2.3 中，我們看到了另外的一種曲線，可以判定選手 Y 是一個短跑選手，但跑的距離不可太長。在圖 2.4 中，我們可看到屬於我個人的曲線，呈現出來的是一個在各種距離上的表現都很差勁的一個賽跑成績。

取捨治療法

　　看完圖 2.1 到圖 2.4，我們漸漸了解如何以「取捨治療法」來治好力求完美徵候群。當有人要求罹患過此病的一位顧問去「設計出跑得最快的賽跑選手」時，在他接受過長期治療之後，其直覺的反應會變成：

「讓我先看看我的取捨圖。」

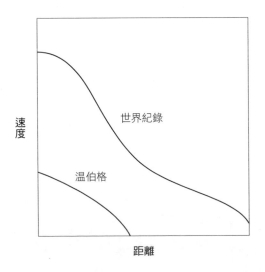

圖 2.4　傑瑞‧溫伯格的成績與世界紀錄成績相比

製作出這種圖之後，顧問自然而然會想到如下的反應：

1. 你想要跑多遠的距離？
2. 要讓一個系統一百公尺能夠跑得很快，而三十公里的成績不必很好，這是件相當容易的事。
3. 我們輕易就可找到一個現成的系統，譬如圖 2.4 中的溫伯格，以降低訓練的成本。但是，你若想要達到世界紀錄級的水準，不論長跑還是短跑，夠資格的選手屈指可數。
4. 如果你要在長距離上表現優異，那麼你一百公尺的成績就會不太好看。

一旦敢於提出疑問，尋求解答的工作就有可能走在合理的道路上，也才能接受「不願付出代價即一無所穫」的現實。

非常不幸的是，這句話反過來說卻完全不能成真。極有可能你為了某件事已付出了相當的代價，卻仍然得不到所預期的結果。你可能願意以職業運動員的價碼來僱用溫伯格，但即使你花了一百萬美金，也無法使他在十五秒內跑完一百公尺。一個健康的顧問（未受到力求完美徵候群的毒害）會把時間花在找出一條健康的曲線，而非一條不可能達成的曲線。

任何的行業都有許多的取捨原則必須考量，而做顧問的也必須對此了然於胸，並讓客戶也能注意到要掌握好這些原則。世上也有許多的普世取捨原則，構成了顧問行業最大祕密的一部分。我們即將討論其中的一些祕密，但是在你探究其細節之前，要先注意：所有的取捨原則（僅取其大約的數值）皆可簡化而成為一個取捨圖，

其形狀如圖 2.1 所示。名稱或許不同，刻度或許不同，但其背後的思維是一樣的：

朝著一個方向前進，會造成另一個方向的損失。

等到你熟練了用取捨的觀點來思考的技巧，並且學會了如何同時去操弄數個取捨原則時，你才有可能成為一個健康的顧問。

時間的取捨

一旦你接受了「取捨治療法」，世界就會完全改觀，你環顧周遭，處處皆可見到取捨的身影。有一天我在家中的庭園休息，看見蜜蜂親吻著小花，突然間讓我想到，小花一定作了恰到好處的取捨功夫，方能使得蜜蜂不停地為它傳播花粉。如果小花所製造的花蜜太少，那麼蜜蜂就會去尋找別的花朵；但是，如果小花製造的花蜜太多，則蜜蜂只要採一次花蜜即滿足了所需，那麼它就不會把花粉傳給其他的花朵。花蜜的多寡必須在這兩股彼此拉扯的力量間取得折衷。

我跑到圖書館去找了一本談論蜜蜂和花的書，但是我與圖書館的館員起了一番小爭執，他說這本書不得外借。他更關心的似乎是擔心這本書受損或遺失，而不在乎是否能夠提供我所需要的資訊。我被他氣得半死，但不一會兒，我就領悟到圖書館的館員也要作出取捨。就此情況而言，他所考量的重點是目前的借閱權（對我）相對於未來的借閱權（對其他人）。

最後，我決定把我需要的那幾頁影印下來，這使我又面臨了另一種取捨：影印的頁數太多所造成的浪費，相對於影印的頁數太少以致我得不到我所需要的資料而造成我的損失。

現在 vs. 未來

前面所提及的這三種取捨——授粉、借閱、複印——都具備了「現在對未來」的形式。可以把要影印哪幾頁的問題，當成是拿現在的時間（去影印）來換取未來的時間（使用影印的結果所獲得的資訊）。就像所有在現在與未來之間的取捨一般，這是在現在的確定與未來的不確定間，要如何拿捏才能取得平衡的問題。我若是能確定在未來會需要什麼，我就不會有取捨的問題了。

上週，有個客戶對於我在某次會議中所說的一句話大為光火，而我毫無概念到底是哪一句話惹毛了她。我當場就要作出決定：是現在就處理她憤怒的情緒（但這會佔用一些會議的時間），還是等日後再來處理。如果我拖個幾天，或許問題會自行消失，但問題也可能更惡化而會浪費我更多的處理時間。我覺得一定要作個取捨，因此決定與她分享我的感覺來化解這個問題——同時也可讓其他的與會人士一同分享，因為這也會佔用到他們的時間。於是，我對她說：「我感覺妳並不贊同我所說的某些話，而我不想裝聾作啞，但是，在這個會議中大家都有重要的議題要討論。妳我可以等到午餐時再來討論，或者妳覺得如果不先解決的話，會妨礙到此次會議的宗旨？」

其實，我只是把時間的取捨以問題的方式提出來，訴諸全體與

會人士的公決,這個做法所冒的風險是耗費更多現在的時間。我經常會這麼做,因為我學到的教訓是:每當有小事會引發不愉快的場面時,比方說碰到有人正在氣頭上,人們往往會低估未來的時間。也就是抱著「或許問題會自行消失」的心態,當然啦,有時結果真會如此。但是,一般而言,投資一點現在的時間,似乎是比較划算的做法,至少也要先去估算一下這個問題會耗費多少未來的時間。將時間的取捨搬上檯面,並且表示願意現在就投入時間,我所傳達的訊息很清楚:這是一個時間不足的問題,絕不是一個對其他人尊重不足的問題。

費雪的基本原則

多年前,費雪(Ronald Fisher)爵士發現每個生物系統都必須去面對「現在 vs.未來」的問題,而未來總是比現在較不確定。一個物種為求生存,必須非常適應今日的環境,但是也不能過度地適應,否則將會無法接受明日可能的變化。他所提出的物競天擇的基本原則是這麼說的:一個有機體與目前的環境愈契合,往往愈無法適應未來未知的環境。

我們可以把這個原則應用到個人、小型團體、大型組織、由人與機器所組成的組織、甚至由社會機構所組成的複雜系統,而且可以將此原則加以推廣:

你現在適應得愈好,你的適應性會變得愈差。

我把這條適用範圍更廣的法則稱為「費雪的基本原則」。

在我的顧問生涯中，經常有人請我幫忙擬定招募人才的政策。這個政策不外二中選一，一是僱用有些年紀的人，他們在某種特別的技術上會有較多的經驗，二是僱用年輕人，事實證明要他們去學習未來可能要用的新技術時，較能適應。此外，我往往會偏好對未來的投資，即使這會對目前的表現造成不小的損失，亦在所不惜。我發覺一般人往往會誇大其學習一項新技術所需的時間，可能的原因是，他們所追求的是極盡完美的表現，而不願意接受適度接近完美的表現。

在著手制定訓練政策時，我遇到相同的取捨問題。在一般人心目中的訓練，是能夠使他們更契合目前的工作，而非使他們更能適應未來的工作。或許以往的經驗告訴他們，那些號稱以未來為目標的訓練，只不過是另一種專門技術上的訓練，而不是適應能力上的訓練。如果你的訓練無法與任何東西產生關聯，最安全的做法就是宣稱這是一個無所不包的訓練。也許，訓練政策這類的問題有其先天上的風險，那就是我們完全不知道未來會是如何。

風險 vs. 確定

經濟學家有一套方法來衡量如何在目前的確定與未來的風險之間作取捨。這套方法首先必須制定出一個心理遊戲的規則，然後詢問有意參與的人願意花多少錢來玩這個遊戲。在此提供此類遊戲的一個範例：

我先拋一個銅板。結果若是頭朝上，則我要賠你 2.1 美元，若

是尾朝上，則我不須賠錢。現在，請你考慮你願意下多大的賭注來玩這個遊戲。

雖然勝負明顯各半，但仍有許多人連花 1 美元來玩這遊戲都不肯。你可以這麼想，如果他們玩的次數夠多的話，平均而言每玩一次可贏得 1.05 美元，如此穩賺不賠的賭局他們為什麼還不敢下注？而他們的回答也很妙：他們並不想玩那麼多次，而只想玩個一兩次。他們選擇為了保住手上已有的很保險的 1 美元，寧可放棄可能得到的 2.1 美元，因而不願去冒什麼都得不到的風險。

不同的人會投下不同金額的賭注來玩這個遊戲。有的人願意出 1.05 美元甚至更多，為的只是得到玩遊戲的樂趣，這是為什麼賽馬場還能繼續營業的主因。有的人肯下的賭注就小得多，而有的人則不管彩金有多高他都不玩。在我的研習營上，我曾作莊讓學員即使只花 0.01 美元也可玩一次，但仍有學員拒絕參加。他們所持的理由是：「你老是在耍我們，因此即使看來穩賺不賠的買賣，我們還是不免懷疑其中必然有詐。我們不想一再被人愚弄。」拒絕這個幾乎免費就可贏到 2.1 美元的機會，他們所愚弄的顯然是他們自己。但是從另一個角度來看，說不定我真的是故意要騙他們上勾。

第三次的魔障

過去，當客戶對於要落實我某個絕妙建議，表現出一副猶豫不決的態度時，總是會令我深感挫折，要是那個點子只需承擔極少的目前風險，卻可保證極大的未來報酬時，那麼我的挫折感會愈加強

烈。後來，一位客戶的話驚醒了我，他說身為一個顧問，我的風險與他的風險大不相同：如果我所提出來的想法無人理睬，我理所當然會失去那份顧問的合約。反之，如果我的想法得以付諸實施，我就有機會成為英雄，但是即使實行的結果是一敗塗地，我會失去的也只是那份原本就不屬於我的合約。

而他要承擔的風險就完全不一樣。他若不採取任何作為，情況不會變得比現在更糟。他若採納我的提議去執行，則情況有可能改善，但若不幸我的建議都行不通，那麼他的下場就慘了。目前工作穩定的他，必然是因為充分適應了目前的情況。而我的那份顧問合約原本就在未定之天，因此我早已有心理準備，自己的適應性要強，尤其是要能適應他的公司。

因此，「費雪的基本原則」提供了一個解釋，說明了為什麼人們需要找顧問。顧問是比較不能適應目前的一種人，這使得他們的適應性比較強。他們在目前與未來之間作取捨時所會有的感受，與遭目前問題纏身的人所會有的感受是截然不同的，這使得顧問一方面成為新想法的珍貴來源，另一方面也成為不可信賴的人。

與一位客戶長期共事時，若只提出低風險的可行辦法，或許可藉此培養出客戶的信賴感。這樣的策略是另一種目前與未來間的取捨：以現在的小收穫來換取日後大收穫的可能性。但是日子久了以後，顧問會變得愈來愈適應現況，以致愈來愈無法提出真正的好想法。

顧問所面臨的這些取捨，或許足以解釋我對於我自己和其他顧問所觀察到的一些現象：

顧問處理得最好的，往往是你交付給他的第三個問題。

我們稱此現象為「第三次的魔障」。不幸的是，客戶似乎都不知道
有這麼一回事，問題在於，客戶要不在第一個問題完成後就跟你說
「再聯絡」，要不就決定跟定你一輩子。「第三次的魔障」是顧問工
作的祕密中必定要洩露給顧客的一個。

柳橙汁測驗

從長遠來看，「取捨治療法」是值得一試的好事。不過，從短
期來看，它的風險是會失去一個好的顧問工作。從前，我時時擔心
自己的生意會被某個盲目樂觀的競爭者給搶走，幸好有李諾的幫
助，讓我克服了這種憂慮。

李諾是一家訂製軟體（custom software）公司的總經理，他找
我幫助該公司提升問題解決（problem-solving）的能力。一連好幾
天我都忙得抽不出一絲的空閒，因此，就一直沒機會和李諾聊聊。
後來，我想出唯一的辦法就是找他一起吃早餐，雖然這違反了我長
期以來的習慣。如果有什麼事比吃商業午餐更糟的，那就是吃商業
早餐了，邊吃早餐還得邊談公事。

李諾也有同感，因此我們快速地將早餐的公事部分搞定時，服
務生還沒來得及熱好第一杯咖啡呢。當食物上桌時，我們往椅背上
一靠，放鬆心情，聊了起來，彼此交換一些有趣的消息。

李諾向我探詢顧問生意如何，我則乘機了解他軟體生意的甘

苦。李諾認為我倆所碰到的許多問題都大同小異，尤其是我們都無法抓得準能否拿到合約，以及何時可以拿到。這給了我一個大好的機會。

「我很想知道，是什麼原因使你把這個合約給了我？」我問道。「但是，如果這會違反什麼洩密罪的話，你就不用告訴我。」

「沒的事。」李諾要我不必擔心，一邊拿起了一杯果汁作勢乾杯。「你拿得到這次的合約，那是因為你是唯一通過柳橙汁測驗的人。」

「柳橙汁測驗？怎麼可能？這麼說可能不太禮貌，但我是不喝柳橙汁的，喝了我就會不停地放屁。」

「噢，柳橙汁測驗其實跟真正的柳橙汁毫無關係。它只是一個測驗的名稱，我用這個測驗來挑選夠格舉行大型會議的大飯店。你也可以用它來挑選任何種類的服務。」

「像是挑選顧問？」

「也可以用來挑選軟體公司，我第一次聽到它就是從這件事情上。我向我的一個客戶問了相同的問題，她就告訴我有關柳橙汁測驗的事。」

「那麼，測驗要如何進行呢？」

「唔，假如你正要選擇一個場所來召開一年一度的業務部門大會，要能容納七百個人。」

「這種問題我有經驗，那可不容易哦。」

「是啊，但是有了柳橙汁測驗，事情就好辦了。最起碼，你可以剔除那些不夠格的人。」

「快告訴我，你是怎麼做的？」

李諾喝著咖啡笑了起來。「你見到大飯店筵席部經理的時候，你先問他一個問題：你們公司的創辦人為業務部門的會議定了一個神聖的傳統，每次業務部門的早餐會都一定要大家以乾杯來預祝勝利，而乾的就是柳橙汁。」

「有七百個人參加的業務部門早餐會？」我露出愁苦的表情。「那可真讓人頭大！」

「噢，你倒不是真的要吃早餐。這個要求只是測驗當中最不重要的部分，接著你還要求早餐的儀式要準時七點開始……。」

「……這豈不是更要命。」

「……再加上七百個人每個人都要有一大杯現榨的柳橙汁。」

「一大杯？」

「沒錯，大杯。不過不是這種杯子，這只能在菜單上稱為大杯。我要的至少要像普通喝水用的杯子那麼大。」

「而且要現榨？」

「端上桌之前兩個小時內榨好的才可以。」

「我知道是怎麼回事了。」

「對，反正要試試他的能耐嘛。提出了這些要求之後，你就聽聽看這個筵席部經理會怎麼回答。」

「他可能會說辦不到。」

「有可能，」李諾說，「這樣的話，他就通不過柳橙汁測驗。」

「不過，我知道有許多的經理為了能搶到生意，都會說沒問

題。」

「……這樣的回答也通不過柳橙汁測驗。要不他就是存心在騙我，要不他就是真以為很容易辦到。我不知道哪種人比較差，但是我都不會在他們那兒舉辦大會。」

「那麼，誰才能通過呢？」

「能夠用你得到這份工作時所說的那個答案來回答我們的人。」

我被搞迷糊了。「我不記得當時我們有談到什麼柳橙汁的事。那麼我是怎麼回答的呢？」

李諾笑了起來。「你說：『這可真是個大問題。我能幫你解決這個問題，……而這是它得花多少錢。』就是這一句話，你通過了柳橙汁測驗。」

「不過，你考量的一定不僅止於此吧？如果我肯付每個人一千美金，毫無疑問我就能找到足夠的人清晨五點來搾柳橙汁。問題是，你會願意支付那麼高的費用嗎？」

「我可能願意，也可能不願意，不過這倒不勞筵席部的經理來替我做決定。那是我的事，不是他的事。如果你索價太高，我們會將你剔除。不過，那是另外的一種測驗。如果我們的要求他辦不到，或是他試圖拿小杯的罐裝柳橙汁來蒙混，也沒有道理為了價格低而讓他如願。」

早餐結束後，我們回去繼續各自的工作。我不記得那次的顧問工作最後的結果如何，但是我永遠忘不了「柳橙汁測驗」，我將它改寫成：

這件事我們會做──而這是它得花多少錢。

我每天都用得到這個測驗。每當我需要有人為我服務時，我會告訴他們我要的是什麼，他們會告訴我要收多少錢，然後我才決定值不值得。

「柳橙汁測驗」曾替我省下數百小時的時間，不必把時間浪費在與一個完全不夠格的人殺價。在家電維修服務站、在辦公室、在餐廳、甚至在選擇旅館時，它都派得上用場。我還利用它和我的客戶一起來治療彼此都會犯的「力求完美徵候群」──也就是說弄出一個計畫，保證能夠達到某些要求，而不用付出一點代價。當我自己要找顧問的時候，我靠的也是這一個測驗。

3 不知道自己在幹什麼，
還做得有聲有色

being effective while you don't know what you're doing

天才裁縫師
李凡

凡是你無法修復的問題，就把它當作特點。

——波頓定律

大多數的顧問，原先都是某方面的專家。有這樣的背景比較容易變成顧問，然而也會帶給客戶不少困擾，就像下面的這個寓言故事所呈現的。

專家所造成的困擾

董事會會議室裏的大象

樹多森林產品公司的董事會在開完三月份的會議之後的某一天，有一隻大象走出了森林，跑進董事會的會議室裏。一直沒有人發覺，直到要開九月份董事會時，總經理才驚覺會議室的門打不開了。「是什麼東西躲在裏面，」總經理說，「而且還把門給堵起來了。」

會計長從門縫下觀望了好一陣子，看到象腿的影子。「看起來裏面好像長了幾棵樹，最好要請造林專家。」

造林專家用伐木的工具費了好大的勁，才把會議室那扇高級橡木製的大門弄開了一些，可是大象朝門上一靠，把門砰的一聲又關了起來。「我不認為那是大樹，」造林專家說，「那是一隻巨大的灰色怪物——很可能是一隻鯨魚。」

然後，董事會派人去請來一位鯨魚專家，他建議將水灌進會議室裏，鯨魚就會游出來。可是當水一注入會議室，大象就用鼻子將水從大門的破洞中噴出來。鯨魚專家看到大象的鼻子，立刻說道：「怪不得它不肯游出來，那根本就不是鯨魚，而是一條大蟒蛇。」

接著，董事會趕緊召來一位捕蛇專家，他建議：「丟一些點燃

的油布進去，不管是哪一種蛇都會立刻嚇得爬出來。」但是，不管點燃的油布從大門的破洞丟進去的速度有多快，大象都輕鬆地將火踩熄。董事會決定找來清潔工，把會議室大門前面的木削、污水、以及油膩燻黑的桌椅都清理掉。

清潔工好奇地問怎麼會搞成這一團亂，總經理於是將來龍去脈說了一遍，他聽完後，伸手從口袋裏掏出幾顆花生。他拿了一顆花生從大門的破洞伸進去，大象——這時候牠已經餓壞了——立刻用牠的鼻子把花生搶走。「出來吧，小傢伙，」清潔工一邊哄著，一邊又拿出一顆花生，不一會兒，大象就踏著笨重的步伐走出大門。把花生都吃完了，大象也怯生生地走回森林。

「唉呀！你怎麼會知道那是一頭大象？」驚訝的會計長問道。

「噢，我事先也不知道，我是用猜的，因為牠有的部分像大樹，有的部分像鯨魚，有的部分則像蟒蛇。而這些都只是理論，所以我想最好的辦法就是拿我的花生作為賭注，總好過再讓你的會議室受到更嚴重的破壞吧。」

超出你的能力範圍

如果有大象蟠踞著會議室，你會找什麼樣的專家呢？最棘手的問題出現時，不會是裝在一個有清楚標示的包裝盒裏。即使有任何的標示，也都是錯誤的標示。這是問題會很棘手的主因。

凡是顧問都會發現自己受託處理的問題中，十有七八都不真正屬於自己的「專長」範圍。顧問在一般非專家的眼中，是一個真正的專家。但是，一個好顧問總是有辦法應付絕大多數的問題，因為

顧問不但要是個專家，也要是個解決問題的高手。如果你偷偷地去翻翻他們的百寶箱，你會發現他們壓箱底的法寶跟他們的專長一點關係也沒有，但是顧問卻能將之應用到不同的領域上。

在通盤介紹這些法寶之前，我們要先介紹一組法寶，不但可以應用到超出你專長領域的問題上，也可以應用到超出你能力範圍的問題上。

馬文醫生的祕密

每個行業都各有其祕密。雖然*自家的祕密*不願讓其他行業的人知道，但其他行業的任何祕密都會引起我們的高度興趣。而各行各業的祕密中，最吸引人的無疑是醫生的祕密了。和大多數的人不同，我很幸運有一個當醫生的連襟，名叫馬文，他是醫生當中比較憤世嫉俗的一個。他樂於將醫界中的一些大祕密透露給我這個局外人。

馬文讓我明白醫界的第一大祕密是：

所有疾病中有九成都會自行痊癒——如果醫生完全不去干擾的話。

因為有這一大祕密，所有的醫生必須做到一件事，那就是仿效古希臘的名醫——有醫學之父美譽的希波克拉底（Hippocrates），避免去傷害病人。此話即使不是針對所有的醫生，也接近全部了。一個成功的醫生也必須讓他的病人相信，他已經採用了某種療法來治病，而這個療法是來自豐富的、奧祕的醫學知識。否則的話，很快

就會有許多醫生要加入赤貧階級。

　　所有的疾病有九成會自行痊癒，原因在於「身體的智慧」，雖然「智慧」一詞聽來很神祕，但它只不過是把用數十億的人當作活體，歷經了千百代的破壞性試驗所得到的成果，賦予了一個略帶詩意的總結。這些試驗絕大多數都沒有機會沾現代醫學的光，因此我們身體上任何部位的設計若缺乏自我醫療的智慧，將很快會使我們從人群中消失。畢竟，我們每一個人都是無數代未曾中斷繁衍的倖存者的直系後代。

第一大祕密

　　可以把這個醫學上的祕密轉而應用到其他的顧問領域上嗎？這就取決於顧問想要「治療」的是怎麼樣的一個系統。如果該系統有長期自行痊癒的經驗，那麼顧問應該偏向「不為害」的做法。譬如，人們用小型團體的方式工作已有數千年的歷史，因此我們大可期待人們與生俱來即有治療團體疾病的能力。偶爾他們會遇到讓人束手無策的麻煩，促使他們想去找個顧問來幫忙，但「治癒」麻煩的良方，很有可能是要用最最溫和的干預手段，或許耐心等待就是上策。

　　與此大相逕庭的是，我們完全不能期望在電腦的身上會有任何的「智慧」。如果我們請顧問來替電腦看診，他的治療手段很可能是既直接又殘忍，比方說切除掉一些記憶體。因為雪碧說：「問題一定出在人身上」，顧問應考慮到的因素還包括人，也就是平日負責保持電腦運作平順的那些人。如果把電腦和那些人整個視為一個

「身體」，那麼你就可以預期它具有某種程度的智慧，並據以調整你的處方。

　　簡而言之，你可以將「馬文的第一大祕密」改成：

要溫柔地對待那些有能力自行痊癒的系統。

顯然，馬文這幾條法則的適用範圍很廣，並不侷限於醫學界。例如他的「第一大祕密」就是工程師所熟知的「工程學第一法則」：

如果東西沒有壞，不得動手修理。

任何的系統如果沒有機能上的障礙，都應能夠自行痊癒。

第二大祕密

　　根據馬文的說法，醫學界的第二個大祕密跟盤尼西林有關。所有疾病中剩下來那一成無法自行痊癒的，其中的九成只要用盤尼西林或各式的抗生素即可輕易打發。然而，有件事與一般人的想法恰恰相反，那就是單靠抗生素仍不能畢其功於一役。抗生素還要有正確的使用法，這才是醫生獲取暴利的關鍵。

　　比方說，你一有小感冒就胡亂去吃盤尼西林藥片，便違反了「馬文的第一大祕密」。普通感冒屬於身體有智慧足以自行痊癒的那九成疾病的範圍，因此完全沒有使用盤尼西林的必要。或許它具有心理安慰劑的功效，但是任何不起化學作用的藥片也有這樣的功用。此外，多數的盤尼西林都不是無化學作用的藥物。即使它對感冒不會造成什麼療效，這並不表示它對人體其他的器官不會產生副

作用。盤尼西林對某些人會引發過敏的反應，有時甚至造成死亡；至少，每次服用都會增加身體對盤尼西林的抗藥性，嚴重的話，哪一天遇上真正需要靠它才能醫治的疾病，就會有藥效不足或完全沒有藥效的後患，這個事實讓我們得到「馬文的第二大祕密」：

不斷治療一個能夠自行痊癒的系統，終究會使該系統失去自行痊癒的能力。

任何曾經替超過四歲的孩子擦鼻涕的父母，都該把這個祕密烙在他們的屁股上。也該把這個祕密烙在顧問的額頭上，如果該顧問的謀生之道是替相同的客戶解決相同的問題，一而再，再而三。

第三大祕密

任何藥物的藥效強度若像盤尼西林一般，一定會引發嚴重的副作用。有些人害怕會吃下過多不必要的藥物，而過早停止了抗生素的服用。如果那些明顯不舒服的症狀未能立刻消失，他們就停止服藥，不顧醫生所開處方的療程是否已完成。疾病若是因細菌感染所引起的，即使受侵襲的器官已經受到控制，有些症狀還是會持續一段時間，若太早停止服藥的話，疾病仍會復發，而復發之後的身體很可能對抗生素已產生了抗藥性。

「馬文的第三大祕密」是這麼說的：

每一個處方有兩大部分：藥物和正確的服用方法。

馬文說，這個祕密是他在法國旅行時學來的，當時他誤將一整瓶治

便祕的肛門塞藥吃了下去。我則是從十多個客戶的身上學來的，每一次我都忘了打合約，載明要追蹤我所建議的事項執行的成果如何。

第四大祕密

別以為馬文只是一個不起眼的老醫生，他可是一個精神病的專科醫生。在各種的醫學小道消息中，沒有什麼比有關瘋子的消息更能吸引我的注意了。但是，下面的這則故事倒是與瘋子無關，而是與精神病醫生有關，我們都會認為精神病醫生是最不可能做出瘋狂的事。

每個月一次，馬文要開車到州立的精神病院去，與住院的醫生們共同商討他們手上最為難纏的病例。馬文說這樣的顧問工作是最好賺的差事，因為他完全不需具備任何醫學或精神醫學方面的知識。每當有醫生把他最棘手的病例提出來的時候，馬文只要問他用的是哪一種治療法。如果對方的回答是甲療法，他就要求對方換成乙療法。如果對方的回答是乙療法，他就要求對方換成甲療法。還有，要求的同時，他還要夾雜一些不知所云的術語，加以包裝（醫生是最容易被他們自己的巫術所騙的一種人了），但他所用的原則既簡單又威力無窮，足堪成為「馬文的第四大祕密」：

如果他們已經做的未能解決問題，要他們換做別的。

其實，克蘭海醫生（Dr. Krankheit）早就知道這第四大祕密了，他是一個很受歡迎的綜藝喜劇演員，所演的爆笑短劇情節會如此地發展：一個病人進來對醫生說：「克蘭海醫生，我的頭一這麼轉就會

痛得要命。」

　　克蘭海醫生則瞪著那飽受折磨的可憐人,用一種充滿了豐富醫學智慧的堅定語氣說:「不要那樣轉你的頭!」

第五大祕密

　　克蘭海醫生治病的方法,也就是我們熟知的「第四大祕密」,他所採用的招數,對於任何一個行業的顧問都非常管用。因為馬文是一個顧問,他親眼所見的唯一例證,就是有些問題是連醫院的醫生自己都無法解決的。因此,馬文可以確定一件事,那就是他們所做的無論是什麼,都是不對的。他們會日漸拘泥於特定的處理方法,抱殘守缺,無法跳脫出來。他也明白,唯有他們付給他一大筆的顧問費用,方能使這套系統發揮功能,這個道理引出了「第五大祕密」:

　　務必要向他們收取高額的費用,高到他們甘願照你的話去做。

這條法則的另一種說法是:

　　顧問最重要的一個動作就是要訂出適當的顧問費。

這個祕密太重要了,因此我把整個第十二章都用來談它。

第六大祕密

　　毫無疑問,任何顧問都用得上「第五大祕密」。藉著分享祕密,我們可以從彼此學到許多的東西,但是,藉著把這些祕密擺在

一起詳加比對，我們可以學到更多的東西。例如，其實有兩個祕密所說的都是：

不可太快就放棄某一治療法。也不可死釘住一個治療法太久。

因此，或許還有其他更好的理由讓我們可以收取高額的費用。醫學界這些祕密的奧妙之處不在於祕密本身，而在於知道在何時該採用哪一個祕密，這就是「第六大祕密」：

知道該怎麼做（know-how）所得的酬勞遠不及知道該何時做（know-when）。

　　像克蘭海醫生這樣的綜藝喜劇演員，有本事把一個極其無聊的笑話說得讓你笑痛肚子。說笑話就像做顧問，時機比什麼都重要。一個好的笑話就是能在適當的時機做出瘋狂的行為。而且馬文說過：「瘋狂的」行為只不過是在超出其有效範圍之外所做的「正常的」行為。對顧問來說，所謂「高明的」行為，就是選在最能發揮其功效的時刻，所做出的「瘋狂的」行為。

化失敗為賣點

　　從前有一個人去找裁縫師李凡，因為他聽說李凡做出來的衣服既便宜又合身。當衣服做好了，他跑去試穿看看，結果衣服完全不合身。「你看看，」他說，「這件西裝上衣的背部做得太大了。」
　　「沒問題。」李凡回答，並且告訴他要如何把背弓起來，西裝

上衣鬆弛的部分就會繃緊。

「可是這麼一來，右手的部分該怎麼辦？它長了有三英吋。」

「沒問題。」李凡重複這句話，又示範要如何把身體歪向一邊以便伸長右手，袖子就變得合身了。

「還有，褲子該怎麼辦？左腳做得太短了。」

「沒問題。」李凡第三次說這句話，並開始教他如何把褲管往屁股上拉，這麼一弄，褲子看起來也就合身了，雖然走起路來會跛得很厲害。

再沒有什麼可抱怨的，這個人開始一跛一跛地走到街上，稍稍有點被李凡給騙了的感覺。走不到兩條街，有個陌生人把他攔了下來，問道：「打擾你了，你穿的可是一套新衣服？」

這個人很高興有人注意到他穿了新衣服，所以並不以為意。「是啊，這是套新衣服，」他回答，「你為什麼這麼問呢？」

「哦，我也打算給自己添套新衣服。不知道你的裁縫師傅是誰？」

「是李凡——就在前面的街上。」

「哦，謝謝，」陌生人說完匆忙就要離開。「我想我一定要找李凡來幫我做衣服。當然嘛，他一定是個天才，才有辦法替像你這樣的跛子做出這麼合身的衣服！」

波頓定律

每次當我對著一群電腦程式設計師們講故事的時候，都會有人要求要聽李凡的故事。我的感覺就像路易斯・卡羅（Lewis Carroll）

對愛麗絲・李戴（Alice Liddell）說《愛麗絲漫遊奇境》（*Alice's Adventures in Wonderland*）時的感覺一樣，她因為認出故事中的女主角就是她自己的化身而感到興奮莫名。

在奇境中，每當愛麗絲遇到不合常理的怪事時，她往往先責怪自己，一如任何舉止端莊的年輕淑女從小就被教導的一般。然而，在電腦的奇境中，有這麼多不可理喻的怪事，程式設計師需要找到一個可減輕心理負擔的管道。這是為什麼他們會喜歡李凡的主因。

李凡做起衣服來，連一條直線都縫不好，然而他非但不試著把做壞的衣服改好，或是設法改善自己裁縫的技巧，反而祭出了「波頓定律」：

凡是你無法修復的問題，就把它當作特點。

製造了幾個跛子之後，他一點也不覺氣餒。他反而掛出了一個牌子：「天才裁縫師李凡──跛子專門。」

雖然程式設計師們都以具備「拿失敗當作特點」的能力而深感自豪，但是能夠把「波頓定律」發揚光大可不是他們的專利。在此，從各行各業隨手抓些例子：

- 屠宰後的動物，有些部位的肉是肉販從來很難說服一般人去買來吃的，因此肉販將之做成香腸或熱狗。非但不去掩飾這個事實，有一家公司還拿它來大作廣告：「我們的熱狗是用特別挑選的肉所製成。」
- 設計旅館的人一直都沒有搞懂該怎麼來設計浴室。有窗子的

浴室會用掉外牆上許多的寶貴空間，因此他們想到了安裝抽風機。但是，設計抽風機的人似乎沒有辦法設計出一台便宜的抽風機，可以將一間可淋浴的小房間裏的濕氣有效地排出。於是，旅館就以「每間浴室皆配備豪華型紅外線電熱燈」做為特色，以廣招徠。

● 十九世紀初，鑽井業想找的是水或鹽。不幸，經常挖到的卻是石油，還會污染他們所挖的井。後來，G.H. Bissell 決心試試用這些黏搭搭的玩意兒看能做出什麼有用的東西。經過蒸餾之後，他製造出許多有用的產品，像是照明用瓦斯、石蠟、潤滑劑、煤油等，於是他把這些失敗的探勘改名為油井，並繼續賺了許多錢。

即使如此，石油業不全是快樂美好的事。除了有用的產品之外，蒸餾的過程也會產生一種無用又危險的產品，那就是「汽油」。隔了數年的光陰，才有人下定決心再次使用「波頓定律」。

● 醫學界對「波頓定律」一向知之甚深。開發出來的新藥會有無人能接受的副作用，這是常事。然而，他們並不會把這樣的研究成果全部丟進垃圾桶，還要將副作用當作是主要的療效來宣傳，因此，新藥就變成了「特效藥」。例如，有一種治高血壓的藥物其副作用是造成頭髮大量增生，於是，就將它重新加以包裝成為治療禿頭的仙丹。

另外一個不同的案例，有個病人在診斷後發現得到了一種「無藥可治的癌症」，預期活不過一年。接受了適度的治療，

十九年後，這位還活蹦亂跳的病人被安排在公眾面前以「現代醫學治療的奇蹟」的面貌出現，而不是「診斷的錯誤」。

● 再來談香蕉。一般人不願去買有醜陋黑點的水果，因此每個無線電台充斥著大量的琦瑰姐香蕉[1]（Chiquita Bananas）的廣告。琦瑰姐會唱一首香蕉歌，其大意是：當它們身染棕色的斑點且散發出黃金般的色澤，此時的香蕉最好吃，也最有益健康。

消費大眾津津有味地咀嚼著琦瑰姐香蕉的廣告歌詞，但讓人印象更為深刻的是某些經營不善的餐廳，向那些懷舊的顧客所訴求的廣告標語：「好的食物要花時間。」他們這麼說，而誰能懷疑這句話呢？然而，把調味的醬料燒焦也是要花時間的。

這樣的例子俯拾皆是：戲院為一部票房奇慘無比的電影所作的廣告說：「有許多的好位子等著您。」某家製藥廠的產品藥效敵不過競爭對手，廣告說：「每顆膠囊含有更多的藥量。」不懂法律的政治人物搖身一變成為「一介平民百姓，捍衛我們免於哈佛教授荼毒的自由。」能力不足的製造業者會很驕傲地強調說：更長的交貨時間是為了「給客戶充分的時間來為新機器做準備。」相反的，那些存貨太多銷售無門的公司就去強調「可立即交貨」。

---

[1] 譯註：Miss Chiquita Banana 是 1944 年由 Dik Browne 所設計的卡通人物，造型是一根香蕉打扮成墨西哥女孩，身著紅色舞蹈服裝，做為香蕉的產品代言人，向消費者推銷香蕉的營養價值，以及如何催熟使香蕉更好吃。

波頓定律應用於顧問業

　　毫無疑問「波頓定律」的出發點是自私自利的心理在作祟，但這並不意味著它是有害的。顧問若是因為嫌它自私自利，而對它抱持敬鬼神而遠之的態度，則會失去許多利用「波頓定律」來幫助客戶的寶貴機會。容我舉一些我自己在工作上所碰到的例子。

　　有一個客戶請我幫忙善用該公司的電腦作業時間，依他的解釋，這指的是每次程式要跑測試時，因為電腦處理的速度太慢，以致無法在合理的時間內將結果交還到程式設計師的手上。測試的作業時間若拖得太長，有時會使程式設計師因不耐久候，不先改正自己程式的錯誤，就將程式送給電腦去處理，這樣的做法會浪費大量的電腦資源。然而，在徹底了解是什麼樣的機制會造成有人去抄捷徑之後，我也束手無策。除非客戶願意投資上百萬的美金來添購新的設備，我想不出有任何的辦法可讓作業時間縮短個幾分鐘。即使辦到了，僅僅縮短了幾分鐘也無濟於事。

　　我不願讓這小小的挫敗壞了自己的名號，於是我說服他們相信，他們真正的問題不在作業時間的長短，而在錯誤的數量。我將「作業時間」這個名稱改為「思考時間」，並且教程式設計師一些寫程式的技巧，讓他們學會如何利用此一特別的時段來減少程式錯誤的數量。測試能找到的錯誤變少的話，他們需要跑測試的次數也隨之減少，作業時間的多寡對他們自然就不會有那麼大的影響。我開給他們的訓練課程都還沒上完哩，有的程式設計師就已開始抱怨，說程式交還到他們手上的速度太快了。

把「作業時間」更名為「思考時間」，當然是出於對我私人的好處。這麼一來，可掩飾因我的聰明不足，而無法解決他們技術上的問題這個不爭的事實，此外，我還教了他們一些有錢也買不到的經驗。顧問工作的目的，既不是讓我看起來很聰明，也不是讓我看起來很愚蠢。顧問工作不是對顧問的一種考試，而是為客戶提供服務。

化自己的失敗為賣點

當然，要你記得自己並不是在參加考試，有些時候很難做得到，尤其當你碰到了某種類型的客戶。若是用相同的質疑或批評，一再地來刺激我，我有時也會控制不住自己的脾氣。有一次與一群客戶正在開會，有個名叫阿尼的工程師對於我或會議室裏任何一個人所提出來的建議，他的回答千篇一律是：「那個我已經試過了，行不通。」終於，我開始發飆：「阿尼，你好像每一種方法都試過。當有人再提出他的建議時，你何不試試閉上你的尊口。」

會議室頓時一片死寂，而我也意識到自己犯了多麼嚴重的錯誤。一時的情緒失控，把我這個會議主持人所苦心經營的冷靜形象全毀了。不願見到未經積極的挽回就失去了一個好客戶，我強迫自己恢復冷靜，改口說：「好啦，現在你也看到我不是一個完美的人。我不能控制我的脾氣，我很抱歉。當有人對我的建議還沒聽完就加以拒絕，會讓我感到很難受，我想其他人也有相同的感覺。」

我看到有人點頭表示同意，於是我繼續說下去：「阿尼，你會習慣性地說每一種想法你都已經試過而且行不通。我不是在懷疑你

說的話的真實性，但是會議中每一個人的想法不一定非要完美不可，就像我不一定是完美的一樣。我試著控制我的脾氣，但是偶爾我會做不到。我可以因為如此就不去嘗試嗎？」

阿尼看來有些迷惑。「當然不是。我的意思並不是說你們不該去嘗試那些想法。我只是想就我所知的提醒大家，在某些情況下那是行不通的。我一直想要去做的是鼓勵大家能不斷地修正他們的想法。」

於是我們勸阿尼要改口說：「那個想法真好，若能照做一定會很有成效，只要我們能注意到少數的缺失。」會後，有個人把我拉到一邊，對於我明智的處置大加稱許。「要不是我見多識廣的話，」她說，「我還會誤以為你是真的在對阿尼發脾氣呢。你真是個了不起的顧問。」

碰到這種情況，最好的做法就是向她坦承我是真的犯了錯，不過，不論我怎麼說大概也改變不了她的看法。這是運用「波頓定律」時會有的風險：人們會日漸相信你是完美的（這也蠻不賴的，只要你自己不要不知不覺地也這麼認為）。

佯裝成功

如果你像我一樣常常要坐飛機的話，有時你會想要有一段不受人干擾的獨處時間。為了防止鄰座的乘客找你做些無謂的攀談，我的老友丹尼爾會對他的鄰座說他幹的營生是殺豬，但是我認為我的自我介紹詞更好：「我是賣二手車的。」有些人會情不自禁地去找

屠夫聊天——但是找二手車的銷售員聊天？從沒聽說過。

假裝是一個四處流浪的二手車銷售員，使我不禁深思這個遭人嚴重唾棄的行業：我不認為二手車銷售員應該毫無疑議地就排在人類的最底層，而且我還想把這個錯誤的觀念給扭轉過來。

我不否認，「波頓定律」遭到二手車銷售員的濫用。例如，一輛老舊不堪的破車，可以說成具「古典風格」。汽油吃得兇，形容成可滿足「豪華的私人享受」。而且打死也不用「二手」這個字眼，硬要說成「車主自用」或「馴服過」。即便如此，你很難逮到某個二手車銷售員對你撒下漫天的大謊——除非那是成交的必要手段。因此，在我們把二手車銷售員打下十八層地獄之前，我們應該先來看看某些不太需要想像力的行業所使用的技巧。像是政治人物。

政治語言

彈丸地是一個香蕉共和國[2]，不斷地向巨大國挑釁，後者是前者的五十倍大。當然，巨大國立刻派出了海軍陸戰隊。但是，彈丸地完全不照現代化戰爭的規則來作戰，使得戰況陷入了膠著。

既不承認自己的決策錯誤，也不思彌補戰況的頹勢，巨大國的總統向全國的人民宣告，為了重建國民的道德素質以及消耗過時的武器庫存，戰爭是最佳的途徑。此外，新型武器的實兵操作，戰爭

2　譯註：香蕉共和國（Banana Republic）是指政治不安定，而經濟高度依賴輸出水果、觀光事業、及外資的中南美洲小國家。

也是最佳的場合。

　　庫存很快就消耗殆盡，取而代之的是成堆的屍體。全國人民不願再輕信這些政治號召，而總統也想不出新的可振奮人心的說辭。於是，他開始說謊。在全國聯播的電視節目中，他宣佈：「我們打贏了這場戰爭。」所有的海軍陸戰隊員、坦克、以及大砲都集結起來，軍容果然壯盛，以勝利者之姿，耀武揚威地撤離了彈丸地。漫無止期的困境搖身一變成為正義戰勝邪惡的空前勝利。

　　在《一九八四》這本小說中，喬治・歐威爾（George Orwell）稱這套方法為「政治語言」（Newspeak）[3]，以描述在社會中政治人物會過度依賴政治語言，以致完全排除了其他的做法。但是真正的政治人物並非如此不誠實，我相信他們有心善加利用「波頓定律」，無賴政治人物似乎缺乏二手車銷售員的想像力。他們使用政治語言只有一個原因，那就是他們用別的方法都行不通。

往臉上貼金定律

　　此外，為什麼只批評二手車銷售員和政治人物呢？專門為一個新的房地產開發案命名的人也很熱中「往臉上貼金定律」：

如果你找不出特點，就用捏造的。

3　譯註：newspeak 是指官僚或政客所使用的語言，故意說得模稜兩可讓人聽不懂，或說得冠冕堂皇來掩蓋事實的真相，模糊的空間太大以致易生誤解或誤導民眾。

他們的手法有時亦稱做「松林溪促銷法」。假設有一個開發案缺乏令人欣羨的特點，像是樹啦，或水啦之類的。並不需要花錢去挖個池塘或小溪，也不需要花個四十年的光陰等待房子四周新栽的樹苗長大，開發業者只要取個動人的名字，足以讓人聯想到所欠缺的特點即可。

在我所居住的內布拉斯加州大草原，山丘極為罕見，小溪比起山丘更難得一見，而樹林比起小溪就更是稀罕，地勢之平坦可讓你環顧四周數英哩一覽無遺，因此不愁找不到題材來描繪你心中所渴望的特點。不管你把車開到哪裏，隨處都可見到有路牌指引你如何前往松林溪、栗樹高地、白楊池、楓林園區，楊柳坡、三葉楊牧場、山毛櫸河岸、榆樹河丘地、橡樹山瀑布……

需要我繼續列舉下去嗎？「松林溪促銷法」在我們的周遭屢見不鮮，讓你熟悉到敢跟任何人打賭，在橡樹山瀑布既無橡樹，又無山，亦無瀑布，除非你把流經你家地窖裏的那股小水流當作瀑布。此外，開發業者的罪行比起科技人員來還算小兒科哩。煤氣燈的早期支持者宣稱，煤氣燈的光線具備了許多有益健康的特質，可說是和太陽光一模一樣。運用「往臉上貼金定律」所能產生的威力，試舉一例加以說明：有人會強迫兒童一天在工廠裏工作十二個小時之久，他只消裝上一些瓦斯燈，就可搖身一變成為偉大的人道主義者。若是沒有工廠提供工作機會的話，那些兒童怎能在陰天還可以享受到陽光所帶來的好處呢。

X 光問世之初，推銷的重點就放在對於人類健康上的助益，尤其是具有治療癌症的功能。X 光的擁護者其實對於要如何治療癌症

是一竅不通，他們最拿手的只不過是如何做出 X 光機而已。

　　因此，吹個小牛又何妨？我對此事的評論是，多數的新科技可說是利弊參半——會造成一些問題也可解決一些問題，就像 X 光的使用，或許會造成癌症，但也可治療癌症。電腦，依照其擁護者的說法，將終止辦公室裏無聊、重複性的工作。然而，電腦為什麼會變成無聊、重複、瑣碎工作的同義詞呢？原因當然不是電腦的使用無法使工作變得更有趣、更刺激、更有意義。

　　那麼，真正的原因何在？虛偽造假似乎總是比花真功夫修理好要容易得多。電腦受到了過度的吹捧，以致無人肯花心思去找出是哪些因素決定了一個電腦系統是無聊還是有趣、是重複到令人厭煩還是會令人興奮、是微不足道還是事關重大。我們這些慣於舌燦蓮花的顧問在使用「往臉上貼金定律」時，就應該注意到上述的危險。一旦虛偽造假就能騙得過別人，而且無往不利，那麼我們就不會想去學習修理東西的硬功夫了。

往臉上貼金逆定律

　　「往臉上貼金定律」顧問可以偶爾為之嗎？在別人利用此法來對付你之前，你可以先利用此法來對付他們嗎？每當我忍不住想這麼做的時候，就會想起美國的總統林肯。雖然他是一個政治人物，卻以誠實聞名，這可由他最喜歡的一個謎語看出端倪：「如果你把尾巴叫做腿，那麼一隻狗有多少條腿？」他的客人有的猜一，有的猜五，最後林肯宣佈他的答案：「都不對，答案是四。把它叫做腿並不會把它變成腿。」

　　我要很慚愧地承認，年輕時的我說過不少謊話。現在我之所以要花費這麼多時間來破除這些虛矯之詞，其實是想要減輕我的罪惡感。舉例而言，電腦的程式設計師都習於將他們程式中的錯誤叫做bug，以掩飾犯錯的事實。（在我早期所寫的技術性書籍上，我使這個帶著政治語言意味的用語流傳開來，所以我知道它的由來。）我們只消把錯誤叫做bug，聽起來好像是它自己偷偷地溜進了我們的程式似的，如此一來，對於它我們就像對於其他人力所無法抗拒的天災一般，不必負任何的責任。

　　如今，每當有客戶請我幫忙改善其程式的品質時，我所做的第一件事就是糾正大家言必稱bug的惡習。沒有多久，他們就都會改口說「錯誤」（errors or mistakes），能做到這一步，仗就打贏了一半。唯有如此，方能根除客戶描述問題時所用的虛矯之詞，找出問題的癥結所在。客戶若是用詞委婉，必然是為了要隱瞞真相——甚至他們自己都可被騙過。例如，常用的「成本效益分析」一詞真正的意思通常只有「成本分析」，而完全沒有「效益」的涵義。說得更白一點，它的意思是「我們會殫精竭慮，將所有與本計畫相關的各項花費都詳列出來，以確保足以掩蓋真相」。

　　另有一例：在處理員工離職的問題時，我聽到有些人事經理用了「彈性」一詞，這個好聽的字眼對他而言意思是說「凡有我看不順眼的人，或當我必須刪減人事經費時，我有請人滾蛋的自由」。在過去，一聽到這樣的用詞就會讓我義憤填膺，不過時至今日，它僅提供我可用以改善情況的資訊。我所得到的資訊足以讓我大膽啟動「往臉上貼金逆定律」：

凡有虛矯遮掩之現象，則必有需大肆整頓之處。

在上面的例子中，人事經理倨傲的態度會引起員工們群起反感，他們會想說：「如果管理階層如此輕易就可讓別的同事捲鋪蓋走路，那麼下一個滾蛋的人可能就是我。如果能夠找到一份差強人意的工作，我會先下手為強。」要打破這種惡性的循環，需要花費很大的心力，然而要跨出的第一步必然是：停止使用「彈性」這類的虛矯之詞，而且對於事情的描述要開始使用正確的名稱。

往臉上貼金的顧問

絕大多數的人本能上都會用「往臉上貼金逆定律」來對付顧問。如果你正在說謊的時候被別人逮個正著，那麼他們會暗忖你一定是想要掩飾些什麼。即使你只不過是聽起來像在說謊，你也會替自己惹麻煩。我們做顧問的理當盡可能用婉轉的修辭來描述自己的專業能力，然而因為缺乏安全感，使我們全都難逃偶爾會自吹自擂的毛病。

幾年前，有一個非常有智慧的顧問，見到我在那兒口沫橫飛地大肆吹噓自己寫過許多本書，她悄悄地把我拉到一旁，提醒我說：如果我不費那麼大的力氣自吹自擂是個名震天下的作家，我將會成為一個更為優秀的顧問。

「但事實上，我真的很有名氣呀，」我向她抗議，依然自我膨脹得可以，「起碼在某些圈子裏。他們以為我說的是謊話嗎？」

「他們如何解讀並不重要。如果他們認為你在說謊，那麼他們

會對你所講的話大打折扣，日後也不會聽從你的建議。如果他們認為你說的是實話，那麼他們會對自己的信心大打折扣，日後也不會聽從你的建議。你明白嗎？」

我不得不同意她的論點，於是她繼續說下去。「唔，如果你這麼做為的不是要幫助他們，那麼你要幫助的人是誰呢？況且，如果你是如此迫切地需要他人的幫助的話，你應該去當客戶，而不是做顧問。」

我想就是從那一刻起，我開始在自我介紹時說，找是一個二手車的銷售員。

4 看看有的是什麼

seeing what's there

小孩子得到的聖誕禮物若是一把榔頭，突然會發覺每樣東西都需要敲打一番。

——榔頭法則

若有人說你必得有一個萬能的工具，可用於不同的專業領域，才有資格當顧問，這樣的想法你會覺得對你是一種侮辱嗎？我主張要有萬能工具的本意，倒不是暗示你用不著其他的工具，而是說你賴以維生的傢伙如果太過偏狹的話，你會前途堪慮。

榔頭法則

首先，來看「榔頭法則」，它是這麼說的：

小孩子得到的聖誕禮物若是一把榔頭，突然會發覺每樣東西都需要敲打一番。

一個專家若只有一種工具——榔頭，結果會變成鎖螺絲他也硬是用敲的。不過，堅持非得有特殊的工具不足以成事的人，通常不是顧問，而是客戶。根據我多年與電腦公司合作的經驗，客戶經常會要求我非得用電腦程式來解決問題不可。我提出的解決方案若完全不用到電腦的話，會遭客戶棄如敝屣。

發明一種工具以改善願景

過度地依賴特殊工具，會對你發明新工具的能力造成立即而明顯的斲傷。多年前，我有幸替一家決心要改善其產品品質的軟體公司服務，該公司的經理只知道他「得到一堆抱怨」，至於「品質不良」的定義是什麼，他則毫無頭緒。

「多少個抱怨算是一堆？」我問道，於是他拿給我一大疊的

信，約莫有六十公分高。我隨意翻了翻其中的幾封，然後向他建議：「讓我們把這些抱怨信整理成表格，看看是哪個產品得到最多抱怨。」

「好主意！」他回答。「我知道你的生意為什麼會如此興隆了。我去找個程式設計師來幫你忙。」

「幫什麼忙？」

「當然是幫你寫製作表格的程式。」

「完全沒有這個必要。」我說。

他露出疑惑的表情，不一會兒，突然又笑顏逐開。「哦，你已經有自己的程式了。那也難怪。」

「不是這樣的，」我回答，「在你的辦公室裏就有我們可用的工具。」我指著牆上那幅北美洲的大地圖，地圖上有幾個紅色的大頭釘標示出客戶的位置。「你還有多餘的大頭釘嗎？」

他又露出疑惑的神情，但還是拿了一盒大頭釘給我。我從他的公告板上移除掉一些東西，釘上一張白紙，然後請他說出該公司所有產品的名稱。每一個產品我都在紙上以一個方塊來表示。畫好了所有的方塊，我請他從那一堆抱怨信中拿起第一封來唸。信上一提到產品的名字，我就在代表該產品的方塊中釘上一根大頭釘，並告訴他可以換下一封信了。不到十五分鐘，一個完整的圖表就出現在我們眼前，清楚地標示出是哪一個產品造成了最多的麻煩。

對此他佩服不已，但相同的事我若用程式來做顯然會讓他更高興。既然我想要的資訊已經到手，也樂得作個順水人情，於是我建議他可找人來替未來的抱怨寫個製表程式。建議一出他樂不可支，

我才安心地繼續我研究品質問題的工作，研究那個麻煩最多的產品是如何製造生產的。

用大頭釘的技巧是我臨時「發明」出來的，因其效果驚人，於是我將之收藏到我的工具百寶箱裏。它是一個雖簡單但很神奇的工具，可將雜亂無章的成堆資訊立即轉變成一目了然的訊息，若論隨取即用，比電腦程式要強多了。其實，還有比大頭釘和軟木板更為簡易的工具，可供所有的顧問利用，以找出其他人所看不出來的東西。

歷史的研究

冗長的酵母粉故事

春天的陽光灑在潔白的桌布上，史巴克正細細地鑑賞著高級主管私人餐廳內裝潢的細節，這是他升任行銷部門主管的頭一天。

「還喜歡你所看到的一切嗎？」溫弗南問道。

「裝潢比我想像中要好得多，但讓我最感到驚奇的是早餐。」

「早餐？」

「就幾片薄脆餅，加上一些切片的標準美式白麵包。我一直以為高級主管們所吃的食物要比生麵糰再可口一些。」

「你第一天上任管理階層的顧問，就已經有事讓你驚奇了。」

「噢，這還不算是第一個驚奇。」史巴克邊說邊替另一片麵包塗上奶油。「我一大早都在研究行銷部門的組織。」

「研究的結果你還滿意嗎？」

「滿意？你別開玩笑了！首先，完全所用非人。其次，這個部門的組織設計奇差無比，再優秀的人放在那兒也是浪費。我即使閉著眼睛也能設計出一個更好的部門。」

溫弗南嘆了口氣。「哦，聽你這麼說讓我感到非常慚愧。我一向都認為我為這個部門所規畫的一切，雖然過了這麼多年卻依然非常地管用，對此我還頗感自豪呢。」

「是你規畫的？」

「是啊。我的第一次晉升，和你一樣，就是當行銷部門的主管。」

史巴克為他短暫的顧問生涯感到憂慮──位子都沒坐熱，還不到四個小時就得罪了他的客戶。他趕緊換個話題。「我想不通為什麼他們不能把麵包烤得好吃些。這玩意兒讓人幾乎難以下嚥，他們是在哪買的？監獄嗎？」

「其實，這麵包是歐登豪賽太太做的。」

「那麼，或許他們應該把歐登豪賽太太關進監獄去。」

「哦，這我就不知道應不應該了。密爾娜‧歐登豪賽是一個高貴的婦人，她和我都是孤兒寡母慈善基金會的董事。」

史巴克慌亂地又抓了一片麵包，用力地猛塗奶油。

溫弗南用微笑來替他化解尷尬。「你有興趣聽聽歐登豪賽太太的白麵包故事嗎？」史巴克點點頭，嘴裏塞滿了麵包，溫弗南就開始說了。「多年前，傑克和密爾娜夫婦曾與我比鄰而居，當時我們的家境都不太好。密爾娜對於攝取營養方面的事非常注重，可是她買不起她想要買的那些食物，因此她開始自己做麵包。」

　　他停下來,若有所思地嘆了口氣。「她做的麵包棒極了。我還記得,她第一批麵包快出爐的時候,左鄰右舍的人總是找各種藉口賴在她家的廚房不走。嗯……那個滋味我今天都還記得!

　　「麵包實在太好吃了,於是有人請密爾娜多烤一些。我們當然會付她錢,而她也亟需這筆小小的外快。沒有多久,別的鄰居在我們幾個人的家中也嚐到她那美味的麵包,很快地密爾娜必須拒絕不斷湧入的訂單,因為她的烤箱已經全天候在工作了。

　　「那年聖誕節,傑克買了一台兩倍大的全新烤箱送給密爾娜當聖誕禮物,如此一來,她就可以拓展客源了。這時她一家老小的閒暇時間全都用來幫忙烤麵包,因此密爾娜僱用溫羅娜·金肯斯來幫忙。

　　「後來,附近的食品雜貨店已無法滿足密爾娜對於材料成分的高品質要求,她轉而與批發商聯繫。她不得不在品質上稍微讓步,好在產量夠大,她還能保持經濟實惠的優勢。

　　「幾個月之後,她買了第一輛送貨用的卡車,但運貨量實在太大,她不得不把店面搬到商業區去。此後我就不常見到密爾娜,有一次她找我幫她重新設計店裏的管理架構,包括人事、採購、應收帳款、和配銷等等。

　　「至今我還記得,她會在前一天將一定預存量的麵包先烤好,若是隔日的預存量太多則少烤一些。但是她得設法使麵包在運送到銷售架之前仍能保持新鮮,雖然她原本並不想要添加防腐劑,但運送麵包的路程實在太遠了,使得她別無選擇。

　　「為能提供員工一份穩定的工作,她必須將組織改為公司的型

態，並增加麵包的銷售量。如今她擁有本州最大的麵包店，而她的麵包可以賣到數以千計的餐廳及家庭的餐桌上。」

白麵包的訓誡

　　一位電腦顧問在看完了這個有關酵母粉的冗長故事之後，給的評語是：「這個故事稍嫌冗長，會讓人抓不住重點。它的重點到底是什麼啊？」他像年輕的史巴克一樣，當顧客正在說故事的時候，他必須學習如何當個好聽眾。首先，他需要學的是要有耐性。其次，他需要學會「單一觀點的謬誤」。

　　當史巴克確定溫弗南的故事講完了，他也篤信自己已掌握到故事的重點。「這真是個了不起的白手起家的故事！」他說。「我之前竟然會對歐登豪賽太太和她的麵包說出那些不敬的話來，實在很慚愧。」

　　「何慚愧之有呢？你說的話句句都是實話。那些東西吃起來還真像是半生不熟的布丁。」

　　「啊！我還以為歐登豪賽太太是你的好友。」

　　「她現在還是我的好友，但那並不表示我非得吃她的白麵包不可，連她自己都不吃，她還請了一個廚子專門替她燒菜。」

　　「那麼，這個故事的重點是什麼？」

　　「嗯，重點之一，一個新進的顧問若能偶爾想到『白麵包的訓誡』，會讓他的日子好過些。」

　　「『白麵包的訓誡』？那是什麼？」

「如果你用相同的烹調法，你將得到同樣的麵包。」

「這是人盡皆知的事。」

「我也認為這是人人都明白的道理。不過，在最需要的時刻，人們往往卻不記得這條訓誡。

「我還記得很清楚那一天，當密爾娜‧歐登豪賽決定要自己烤麵包時的情景。我們一夥人聚在她家的廚房，吃著威靈頓太太的麵包店買來的麵包，我問密爾娜是否喜歡那個麵包。

「『喜歡？』她說，『你一定是在開玩笑！首先，所用的材料完全不對勁。其次，烤麵包的技術也奇差無比，有再好的材料也是浪費。我即使閉著眼睛也能烤出更好的麵包。』

「搞了半天，原來這才是重點。她應該先摸清楚威靈頓太太的底細，了解她麵包店的作業方式為何沉淪至此，然後才去搞自己的麵包店。」

「巧的很，」溫弗南沉吟道。「我記得當時自己給她的建議也是這樣。」

「她照做了嗎？」

「密爾娜？我記得沒有，她還說應該把威靈頓太太關進監獄去。」

「哎呀！我想我終於明白你要表達的意思了。真是無巧不成書，我正打算請教您的意見，看該如何來更改行銷部門的組織。」

「這樣的話，你就弄擰了我話中的含意。我要是知道該如何訂出正確的組織，我早就自己動手了。你若只能重複我的錯誤，那麼

我為什麼要找你呢？」

「您的意思是，我不該問您過去是怎麼做的嗎？」

「這也不是我的本意，你當然應該問我過去是怎麼做的。但請不要問我未來該怎麼做，因為我學到的教訓僅限於哪些是不該做的……喔，很好。蟹肉開胃小菜來了！」

波定的反向基本原理

在這個快樂國度的某個地方，有一位霍立波頓太太正在重演著白麵包的故事。只要她願意找顧問來研究一下歐登豪賽太太的故事，說不定她會得到一個迥然不同的結果。或許她可以避免犯錯。或許她可以發現一些雖細微但很重要的變化，那是歐登豪賽太太所忽略掉的。或許她可以維持好的做法，改革那些導致不良結果的做法。

但是，霍立波頓太太能夠從歐登豪賽太太身上學到最重要的一件事，那就是歐登豪賽太太沒有去研究歷史，因而不斷重複歷史。就像住在法國的美國前衛作家史坦因（Gertrude Stein）曾說：「歷史讓我們看清歷史上的教訓。」（History teaches history teaches.）然而，除非你去研究歷史，否則歷史無法讓你看清任何事。

絕大多數的人都像史巴克一樣，對於研究歷史非常沒有耐性。這也是為什麼研究歷史是顧問的一個法寶，使他能看出別人所看不出來的端倪。願意花時間去研究歷史的顧問可學會如何避免犯錯、抓住別人都錯過的機會、維持好的做法、以及改革那些毫無成效的做法。顧問亦可藉此熟悉客戶的環境，即使想要改善一個系統，新

系統也必須通過環境的考驗，而該環境乃承襲自舊系統。

　　總而言之，顧問一定要去研究歷史，原因就如經濟學家波定（Kenneth Boulding）所說：

事物會演變成今日的樣貌，乃日積月累的結果。

也就是所謂冰凍三尺非一日之寒，這條定律對顧問極為重要，重要到我特別給它取個名字：「波定的反向基本原理」。每當你接受一個新的顧問任命，且須在最短的時間內要熟悉整體狀況，請試試「波定的反向基本原理」。為實踐此原理，你或許會靜下心來，注意聆聽客戶那冗長、乏味、又不著邊際的故事。

史巴克的問題解決之道定律

　　即使故事到了最後仍然讓你摸不著邊際，還是有許多重要的政治考量，會迫使我們非得著手歷史的調查不可：就引發問題的過程來看，參與此過程的人士依然身居要職，而且無論他們的功過如何，總是會參與解決問題的工作。

　　但是，請不要再犯年少無知的史巴克所犯的錯誤：想要將事情的原委弄得一清二楚，或是，在你弄清楚之後，就開始臧否人物，大肆評論一番，這些都不是絕對正確的想法。如果你嚴詞痛批某人，應該為目前的混亂負起所有的責任，事後你會發現自己的話太過武斷：

　　1. 如今看來非常愚蠢的決定，在當時總是有許多既正當又充分

的理由。

2. 最需要負責的人如今就是你的客戶，或者就是你客戶的頂頭
上司。

當你應用「波定的反向基本原理」時，有千百個理由你一定要
記得「史巴克的問題解決之道定律」：

**你愈接近找出誰是造成問題的元兇，解決問題的機會卻隨之而
降低。**

研究指引

為避免一不小心就落進「陷人入罪」的陷阱，顧問需要有一些
原則來指引其研究歷史的方向。第一條規則可能就是：

**盡量簡單化，不要太細瑣；記住你是顧問，而不是地方檢察
官。**

如果你用質問的語氣對人，會引發對方強烈的反感。尤有甚者，你
的問題不易正中要害，要不他們會認為不重要處你問得太多，要不
他們會認為重要處你卻不去問或問得搔不著癢處。你或許不贊同他
們對「重要」所下的判斷，但是他們心目中的優先順序本身經常就
是一個重要的事證。因此，少問多聽為妙。

當然，聚精會神地聆聽會讓你的腦中塞滿了許多瑣事。以下這
句話可以幫助你判斷哪些細節可放心大膽地予以忽略：

研究的目的是為了解，不是為批評。

若情況演變至今已惡化成一個大問題，那麼該為此事負責的那些人自然會變得相當敏感，對於他人所提出的任何變革之議，都會被解讀為對他們人格、智慧、或洞燭機先能力的一種誣蔑。他們為了替自己的立場辯護，可能願意把話說清楚，但是，你若語帶批評，他們就會什麼都不肯說了。

那些熟知歷史的人是你最佳的消息來源。非但不可用批判的話來堵住他們的嘴，還要盡可能讓他們吐露心聲，例如這麼對他們說：

從目前的局勢中找出你所喜歡的，評論看看。

壞事總是最讓人有興趣去談論的。你若不提，也自然有人會去提。即使是犯人自己。歐登豪賽太太也知道她的白麵包如今有多糟。畢竟，過了這麼多年，她已經有自己的歷史可供研究。正如同你的客戶也有。正如同你也有。你沒有嗎？

為什麼魔咒

你若懂得竅門，能夠得到別人所得不到的資訊，那麼你絕對可以吃香喝辣，不虞匱乏。許多我的客戶僱用我的目的，是把我當作一面「鏡子」——讓他們能清楚認識自己的一個工具。但是也有主客易位的情況，有時客戶會讓我更清楚地認識我自己，是我甚至在

鏡子裏也看不出來的自己。我在第七國家銀行遇到的藍伯特，他就
是一個最好的例子。

顧問該如何穿著

那一天在平淡中度過，我整天的時間都花在為第七國家銀行做
例行的總檢查。隔天一大早，我得將我嶄新且精闢的見解向他們報
告，然後我就可以領到一份豐厚的酬勞。我打算趁著晚餐時片刻的
寧靜，複習一下當天所做的筆記，並想想明天該如何報告。

藍伯特自告奮勇，願意開車帶我回旅館，一路上他看起來像一
個身穿三件式西裝的十二歲小孩，盡量讓自己顯出銀行家的派頭。
顯然這是「往臉上貼金逆定律」可以派上用場的時機。藍伯特想利
用一身的行頭，使自己看來像一個他所不是的人物，這意味著他想
要掩飾某些事。通常我不會笨到輕易就搭他的便車。每當我不小心
去搭理一個有天真無邪眼神的人，下場通常是自陷絕境。

藍伯特願意充任計程車司機，似乎是有些私人的問題想要向我
請教，那是他在銀行裏所不敢問的。趁我們等電梯的空檔，他突然
發難：「你為什麼那樣穿衣服？」他問道，用五根手指指著我，眼
睛眨也不眨。

我毫無心理準備，只好先閃躲問題以爭取一些時間。「哪樣？」

「你現在穿的這樣。不穿西裝。不打領帶。穿條牛仔褲。」

「這可是正式的休閒服。」我防衛性地咕噥道。

「哦，那麼，為什麼說是正式的休閒服，而不說是藍色的牛仔
褲？又為什麼不把襪子遮住？還有那雙黃褐色的鞋子！為什麼不穿

深褐色的？或黑色的？你來這兒，在銀行裏工作……」

「我來銀行不過是做顧問。在銀行裏工作的是你。」

「……來銀行做顧問……但看你的穿著好像是去野餐似的。」

「穿得像是去野餐有什麼不對呢？」

「也沒有什麼不對。請不要誤會我的意思。我並不是在批評你。我只是想知道為什麼你會這樣穿衣服。我一直認為我的穿著一定要與工作搭配，但是，你穿了一套野餐服來上班，卻似乎有本事不怕別人對你品頭論足。我很想知道箇中原委，僅止於此。或許穿錯衣服的人是我。」

他的態度是如此誠摯，使我不再有被冒犯的感覺。「聽我說，藍伯特，我可是經過了多年的歷練，才達到這麼穿著的境界。我想很難用幾分鐘就能向你解釋清楚。」

「沒有關係。我還以為你的答案會很簡單。或許我讓你回去多想一想，說不定你明天就能告訴我一個對我有幫助的答案。」

「好啊，」我說。「說不定明天吧。」

回到旅館，我的腦中一直無法停止思索這個問題，甚至忘了為晚餐訂位。我沒有複習我的筆記，反而陷入自我省思的泥淖中。為什麼我一向這麼穿著？

倒也不是我想不出任何的理由。我的腦中滿是可以告訴藍伯特的說詞。首先，對我而言舒適是最重要的考量，唯有如此我才能專心於顧問的工作。其次，我出門在外，某些衣服比較適合打包攜帶。再者，事實上我的這趟旅程要拜訪的不只這家銀行。我還要拜訪另外兩家客戶，在其中的一家，我從未見過有人繫著細窄的領

帶，領結就更不用說了，而另外一家公司的所在地，比起這個城市
要濕熱許多。我必須為各種的情況預先做好準備。

　　另外還有一個因素要考量，我之前不曾到第七國家銀行做顧
問。我不了解它的企業文化，所以我必須猜測他們穿著上的規定，
以及他們對我的穿著能夠接受的範圍。我需要與不同階層的人在一
起工作，有些是專業人員，有些是經理人員，而我不想讓人有我與
某個圈子的人走得太近的印象，否則的話，另一邊的人就會不願意
對我實話實說，或不願意接納我寶貴的意見。

　　我不得不承認還有一些考量的因素不大合乎邏輯。先談款式是
否流行，毫無疑問這個因素起碼在潛意識中是對我有影響的。再來
談談我個人的無知：我對流行的風潮可說是一竅不通，我可能趕上
了流行、退流行、又趕上流行，而自己卻渾然不知。就像一個停擺
的鐘，一天總有兩次是對的，我只要每天都穿同樣一件老掉牙的衣
服，我總有符合流行的時候。

　　或許還是不行。我認為我的套裝中有幾套從未符合過流行，往
後也絕對不會符合流行。我穿的褲子褲管總是比較短，因為照我的
身高來看我的腿算是比較短的，打從我還是小孩時起，那些現買的
褲子對我總是嫌長。每當我把褲管捲起來，其他小孩見狀都會取笑
我。但是，我若不捲褲管，回家時母親一見到我的褲管上沾滿了泥
巴，就會把我臭罵一頓。

　　抓抓頭想想看還有沒有其他的因素，我想到我還有過敏的毛
病。我貼身穿的衣服不能是羊毛或化學合成纖維製的，此外，我一
碰到金屬類的東西，皮膚就會起像沸騰的太妃糖般的水泡。不穿羊

毛料的衣物難以保暖，於是我得多穿幾件衣服。要我穿羊毛製的毛衣也可以，條件是我裏面一定要穿上一件棉質的高領衣，以免毛料直接接觸到我的皮膚。

當然，我喜歡穿高領的衣服還有可能是因為我痛恨領帶，這牽涉到一種不理性的情緒。我曾在書上讀到，「領結」的英文字「cravat」，字源是來自克羅埃西亞人（Croatian）的法文字，原意是指法王路易十四時代克羅埃西亞士兵所穿的一種款式的軍服。在我看來這很合理，因為「奴隸」的英文字「slave」起源於「Slav」（斯拉夫人），或 Serbo-Croatian （塞爾維亞－克羅埃西亞人）。任何人打上領帶，在我看來簡直就像是在脖子上綁了一根繩子。

我必須承認這樣的偏見為我省下了不少錢。在旁人眼中，我是一個用錢謹慎的人，這可能與我買的衣服老是跟不上流行有關係，包括我的襯衫、長褲、外套、鞋子、甚至襪子。

對了，甚至襪子。最起碼我不讓自己有穿錯襪子的機會，因為我襪子的款式只有一種，而且全是同一種顏色。我一次就買他個三十雙，因為家裏洗好的衣服都是由我負責摺疊，而我最不耐煩的事就是替襪子配對。它們若都長一個樣，當我趕著要出門去搭早班飛機的時候，我就能夠在黑暗中不吵醒丹妮而找到成對的襪子。

但是，我會這樣買襪子最大的理由還是為了省錢。如果旅館的洗衣部把我的一隻襪子洗壞了或是搞丟了，我不必丟掉剩下的那一隻。我想我大可要求洗衣部賠償我的損失——他們的收費已足以支應——但是我不能忍受要與人激烈地爭執。為了讓我的生活中沒有激烈的爭執，我不惜做任何事。

　　只要客戶開口要求，再奇怪的服裝我都肯買。我現在的確是一條領帶也沒有，但是如果我的客戶很重視打領帶的話，我也很樂意去買一條，然後把它掛在我的……帳單上……我的帳單！向我的客戶收錢！我這是在做什麼啊，嘮嘮叨叨說了一堆服裝的事？我還有正事沒辦呢！

　　可是，夜色已深，我浪費了太多的時間，害我沒有時間去思索第七國家銀行的問題。我唯一的希望就是能好好地睡上一覺，讓自己明天早上看起來能夠精明幹練一點。我在床上輾轉難眠，眼前不斷地出現幾隻搭配不起來的襪子，不停地在那兒上下跳動，我不禁咒罵起藍伯特和他那個該死的問題。

　　一大早，咒罵聲還留在我的嘴邊。對我而言，藍伯特像是一隻蚱蜢，天真地問蜈蚣：「當你想去散步的時候，要怎麼來決定先抬起哪隻腳？」而我就像是那隻可憐的蜈蚣，從此以後再也不會走路了。

講不完的理由

　　用他那雙系統分析師所特有的純真的眼睛，藍伯特讓我受到了「為什麼魔咒」的蠱惑。我早該知道不要上了他的當。我的父親經常警告我：

體力、空氣、水、食物有時盡，理由綿綿無絕期。

　　人們可以找出千百個理由，來解釋他們為什麼會做了某件事，若是你不滿意，他們可以給你更多的理由。也不滿意，還有更多。

再不滿意，還有更多。

　　至於找理由來解釋自己為什麼未做某件事，人們也是一樣的有辦法。甚至，還可以像哈姆雷特一樣，同時丟給你正反兩面的理由。

　　藍伯特用「為什麼」這個問題，就讓我著了他的道，害我在有限的時間裏拼命地想要找到問題的答案。最後，我一無準備地走向銀行，心中忐忑不安，深怕會搞砸了這次的生意。

　　但是，等一下！如果藍伯特可以用「為什麼魔咒」來蠱惑我，或許我也可以如法炮製，用「為什麼魔咒」來回敬他以及他的同事。重拾起信心，我大步踏入銀行，開炮連問了好幾個問題，都與我昨天蒐集到的內幕消息有關。

　　「為什麼你們的系統要做這樣的設計？」
　　「為什麼系統的變更要在七月一日前完成？」
　　「為什麼你們的組織要如此運作？」
　　「為什麼你們不多用那一台電腦？」
　　「為什麼你們偏要用這一台電腦？」
　　「為什麼你們的表格上要求填寫這個資料？」
　　「為什麼表格不要求填寫其他的資料？」

　　這一招還挺管用。他們彼此交談。他們互相爭論。他們滔滔不絕地托出內幕消息，數量遠超過我昨天一整天所蒐集到的。在這一天收工前，他們都對我的觀察能力至表感佩，而我也得到了延續的合約，要回來再做三天的顧問。我對我自己大感滿意之餘，居然又

接受藍伯特的好意，讓他載我去機場。

　　車還沒上高速公路，藍伯特就追問我有關該如何穿著的問題，這也難怪。不過，這一次我可有了萬全的準備。「衣服為什麼不能這樣穿，藍伯特。你不可能光著身子到處亂跑，因此你非得選一件衣服來穿。那麼，為什麼不能這樣穿？」

　　很不幸，藍伯特是一個極端天真的系統分析師，所以沒有被我這一招給唬住。「你為什麼不光著身子到處亂跑呢？」他又問。

　　我這輩子都要感謝那位開著一九七五年份綠色 Valiant 大轎車的不知名駕駛，剛巧就在這個節骨眼，他突然把車子超到藍伯特的 Cougar 前面，這給了我一小段的時間來擺脫「為什麼魔咒」。等到藍伯特恢復了鎮定，我也想到了答案。

　　「說真的，傑利，如果你的衣著可以愛怎麼穿就怎麼穿，那麼你為什麼不光著身子到處亂跑？」

　　「你想想看，藍伯特，」我說，此時他已駛離高速公路，轉入機場的入口引道，「如果神的旨意是要我們光著身子到處亂跑，那麼我們會生下來就是光著身子的。」

　　我沒有機會聽到藍伯特繼續發出魔咒，因而得以在沒有更多新難題的困擾下，結束了我這一趟訪問的行程。

看出超乎顯而易見的事

大不是馬

　　對你的客戶施展「為什麼魔咒」是找出事實真相的絕佳手段，

但美中不足的是你無法看出隱藏在事實背後的基本原則。一個更具威力的方法，就是先從客戶那兒打探出一個基本原則，然後將此一基本原則應用到客戶的問題上。雷克是資料處理部門的經理，但他最大的嗜好是馴馬。最近他為了解決公司軟體維護的問題來到了林肯市（美國內布拉斯加州的首府），在我們開始正式工作之前，他堅持要我和他一起去參觀內布拉斯加州展覽大會上的駿馬展。

雖然我有過訓練我家的德國牧羊犬甜心的經驗，但是對於大型的動物像是馬之類的，總會讓我有神祕莫測的感覺。其實，當我站在一群馬的旁邊，心中會想到的只有一件事：萬一有哪匹馬踩到了我的腳，我會有怎樣的下場。我不經意地向雷克提到了我的恐懼，他笑出聲來對我說：「大不是馬。」

「這話是什麼意思？」我問。

「你何不自己想想看？」他說，「每當你以顧問的身分給我一個神祕莫測的忠告之後，你總是會要我這麼做。」

我別無選擇，只好閉上嘴，呆呆地看著馬群，但還是看不出個所以然。我們回到辦公室，甜心在家門口迎向雷克。他僵立在門檻上。「怎麼啦？」我問。

他很害怕地用手指向甜心。「你看看那滿口的利牙。她可以把我生吞活剝掉。」

標籤法則

我大笑起來，就教他要如何從她身體的姿勢和搖尾巴的方式，看出她並沒有要咬人的意思。其實，他唯一的危險是她可能會去舔

他的手。

「好吧，」雷克說，小心翼翼地伸出手來接受了一場舌浴。「我相信你。你知道嗎，這正是我所說『大不是馬』的意思。馴馬師跟馬混在一起，會注意到幾十個重要的特徵，逐一來衡量是否會對訓練工作有重大影響。對於不懂得馴馬的人來說，則只會注意到一件事，是你第一眼就會看到，也是最明顯的一件事：馬的體型。」

雷克給我上了一課，我現在稱之為「標籤法則」：

我們多數人買的是標籤，不是商品。

語言學家和哲學家用另一種方式來表達：

事物的名稱不是事物本身。

用這樣的方式來表達，他們為的是想提醒我們一件事：我們一遇到新的事物就很習慣先給它取一個名字（一個標籤），然後，標籤就取代了原事物，成為真正而且完整的描述。雖然雷克也明白「標籤法則」的道理，但他是一個馴馬師，而非馴狗師。甜心身上最引他注目的只有她的牙齒。

真正的專家能夠看到一個情況的多重面向，而初學者所看到的只有巨大、牙齒、或任何極其顯眼的部分。愛斯基摩人用以表達「雪」的詞彙有數十個，而他們真有能耐可以分辨出數十種不同的雪。我們南方人能夠分辨的則僅有一種，我們稱之為「雪」。一旦我們學會了滑雪，我們所增加與雪相關的詞彙，也與愛斯基摩人相

差無幾，例如「厚粉雪」（deep powder）和「粒雪」（corn snow）等滑雪的術語。學會了用更精確的詞彙來描述雪，才能學會更為有效地解決滑雪時會遇到的問題。

　　任何的顧問工作會遇到的問題也是一樣。能力差的顧問不先將問題定義清楚，只是把腦中所想到的第一個字眼當作問題的標籤。這個標籤可能是客戶所提供的一個美化的詞藻，所欲美化的正是客戶所亟欲隱藏的事，或者，這個標籤只能描述該情況中最顯而易見的一面。問題一旦被貼上了一成不變的標籤，就會變得更加難以解決。

維護 vs. 設計

　　近年來，除了雷克之外，我還接到愈來愈多的電話，要我幫忙降低軟體維護的成本。我漸漸地明白了，「維護」一詞是我們發明出來的所有標籤中最為拙劣的一個。

　　雷克一見面就告訴我，他的軟體預算中有八成是花在維護的工作上。我則暗示他，這個數字太大，沒有什麼意義，或許他將太多東西都一股腦塞在這個標籤底下，一如當我看到了一匹馬，我眼中所見除了牠那龐大的身軀之外，別無他物。他同意我可以更深入去了解，暗藏在維護這個標籤之下，實際的工作到底是些什麼。

　　我嘗試仿效愛斯基摩人分辨雪的方式來分辨真實的維護工作。我發現當中有將近一半的工作應該要換個標籤。例如，「價格」這筆資料每隔兩三個月就會變動，卻被寫死在程式裏，而非存放在易於維護及檢查的一覽表之中。單純為了改個價格，竟然要勞師動

眾，出動一個由三位程式設計師所組成的工作小組來全天候修改所有的軟體程式。

選擇不同的名詞，徹底影響了雷克改善現況的方式。將這樣的工作也稱作維護，致使雷克把全副心力都放在該小組的編碼和測試工作是否更有效率上。我建議他往後再提到這個問題的時候，要改口說「設計的方法和維護的能力兩者無法配合」。

改從這樣的角度來看問題，解決問題的方法只有兩個，可視之為設計的問題，亦可視之為維護的問題。程式設計小組決定採用「價格一覽表」來重新設計程式——而軟體系統的使用部門，已負責此一覽表的維護與更新工作有一段時日了。該小組的「維護」工作就此憑空消失。維護價格一覽表是一個相當枯燥乏味的工作，為獎勵負責此一工作的使用者們，隨即贈送微電腦的文字處理器一套，這項額外的福利令他們都高興萬分。

轉移焦點法

有一個客戶告訴我一個故事，內容是一個樂觀者和一個悲觀者為了個自的哲學觀而爭得面紅耳赤。樂觀者宣稱：「我們身處的這個世界是所有可能存在的世界中最好的一個。」悲觀者嘆息道：「你說的對。」

有許多的對立衝突長期不得化解，追本溯源，原因在於雙方人馬會為同一個情況貼上不同的標籤，即使標籤的內容完全相同，而這個故事正是最佳的典範。有為數更多的情況，所貼的標籤雖然不同，但其內涵卻是互補的。同一個客戶還告訴我，最令他頭大的問

題，是所有的軟體開發專案都有預算超支的通病。然而，當我去訪談程式設計師時，他們向我抱怨的，卻是管理階層吝於使用資源，從未提供充分的資源讓他們可以好好地幹活。同樣的一個情況，經理說是超支，程式設計師卻說是預算不足。

用一個充滿了情緒的標籤，為的是要將他人的注意力從該情況的某一觀察角度上移轉開來，這就叫做「轉移焦點法」。把情況貼上一個「超支」的標籤，其基本的假設是預算的數字正確無誤。把情況貼上一個「預算不足」的標籤，其基本的假設是已盡可能用最有效的方法來完成工作了。不同的標籤往往會誘導他人不去從某個角度來正視專案。經理要為自己所擬定的預算負責，就愛談超支，唯有如此才能讓自己有個藉口，不必去正視自己對問題的惡化所做的貢獻。實際幹活的人，不必為既定的預算負責，就愛談經費不足，唯有如此才能將眾人注意的焦點從自己身上轉移到管理階層去。

三隻手指定律

客戶不該用轉移焦點的手法來企圖矇騙顧問，因為沒有哪個顧問活該要受此待遇，但這種事是所有做顧問的都難免要碰到的。想要當場判別你是否遭人誤導，最有效的一個方法就是去注意是否有一隻指向別人的食指出現。許多人會不自覺地搖動食指，或用食指指向別人，以加強他們想要轉移你的焦點的企圖。每當我在半空中看到有這樣的手指，我就會提醒自己一個中國諺語，它是這麼說的：

當你用食指指著別人的時候，請注意其餘的三隻手指所指的方向。

即使用食指指向別人以試圖轉移焦點的人就是我自己，此一法則對我還是很有幫助。

五分鐘定律

　　按照以上的分析，只有那些沒有經驗的顧問才會害怕找不到事情的真相。增強你對事物洞察力的方法極多，因此，凡有經驗的顧問都明白，不必擔心事情的真相蒐集得不夠多。的確，每當我初次參與一個新的顧問任務，最大的困擾是如洪水般湧來的事實真相，讓我窮於應付……每一個接受訪談的對象都有說不完的無聊故事……有千百個理由為什麼要這麼做而不那麼做……指名道姓的批判和把責任全推到別人的身上。經過多年的歷練，我越來越相信，解決客戶問題的方法，就在那一大堆事實當中，若非事實多到讓人幾乎滅頂，客戶自己早就看出解決之道了。

　　但他們被如洪水般的事實所淹沒，而不得不向顧問求救，顧問只需聽聽他們的說法，稍事包裝，再覆述給他們聽。如今，我精簡大量事實的主要方法，即是「五分鐘定律」：

客戶永遠知道要如何解決他們的問題，而且總是在頭五分鐘裏就把解決之道告訴了你。

本定律適用於溫弗南的例子，他碰到的問題是要求改變系統的呼聲如野草般迅速蔓延，他把這個問題編成了白麵包的故事，說給史巴克聽。本定律在第七國家銀行的例子中也證明是對的，到了最後我們發現問題出在過分拘泥於形式——服裝或其他事情上——這麼做會扼殺員工的創意。它還適用於雷克的例子，他誤將「設計的問題」貼上一個「維護的問題」的標籤。它也適用於那位無法去分辨預算超支與預算不足差異何在的客戶。

　　我身為一個顧問，能在最初的五分鐘內就將此類的訊號接收完畢，如此可為我省掉好幾天乏味的事實蒐集工作，最起碼它提供了一條有力的線索，讓我能有條理地去整理所蒐集到的這些事實。然而，在最初的幾分鐘裏有時我會因為太緊張，或太畏懼客戶，使得我無法把客戶所說的話聽到心裏去。除了客戶的牙齒之外，我什麼都看不到。

5 看看缺了些什麼

seeing what's not there

言詞通常是有用的，然而聽音樂永遠獲益良多（尤其是你自己內在的音樂）。

——布朗勳聽的遺訓

我對「我的」大頭釘技巧感到非常自豪，這些年來，每當有人請我去幫忙解決品質上的問題，我一使出這一招即可所向披靡。不過，或許因為這個工具太有效了，反而使我忽略了一些顯而易見的事。有一天，我為了其他的問題去拜訪一位新客戶時，一個釘滿了抱怨信的軟木公告欄吸引了我的目光。

「哇，」我說，指著公告欄，「你們的軟體有品質方面的問題嗎？」

「沒這回事。我們軟體的品質可是同業中的佼佼者。為什麼你會這麼問呢？」

欠缺的工具

後來，我才體會到一個我早就該發現的道理：少了能將所有的抱怨化為表格的工具，這是品質有問題的徵兆。能夠將抱怨化為表格是生產高品質軟體的過程當中最重要的一環。過程當中若是缺了這一環，將會使人們難以察覺出他們正在製造低劣的品質，果真如此，也就難以期盼他們會為此做些什麼了。不論客戶的公司營業性質為何，一旦我將這樣的表格引進該公司，我就可在一邊乘涼，而不用再做任何多餘的動作。使用表格後所造成的回饋終究會導致品質上的改變。

當我發現居然也有人能發明出我慣用的技巧，心中略感困窘，因此，我需要找些別的東西來提升我顧問的形象。我還有一個頗感自豪的本事，只消利用公告欄上的消息，即可判定出哪個單位的產

品品質最差。然後，我會幫忙改善該單位的品質，方法是指出該單位所有做得不對的事。這個方法當然讓品質大有起色，但整個過程總會令我感覺不太舒服。整件事給人的感覺是，我好像在施展一種巫毒教的巫術，把針插在未能將工作做好的那些人身上。

你若非絕頂聰明，能當個好聽眾對你也有許多好處。終於，有人質疑我：「你怎麼老是喜歡從負面來思考呢？你為什麼不去看看那些表現優異的人是怎麼做的呢？」真是一語驚醒夢中人！我習慣於利用大頭釘來找出品質有問題的產品，不過，我也可利用同一個技巧來找出哪些單位沒有品質上的問題。我隨即去拜訪那些單位，立刻我就學到了十多個新的改善軟體品質的方法。

我再次沒有留意到「欠缺些什麼」。我太過以問題為中心，以致忽略了「非問題」的存在，也就是可能會出現但沒有出現的那些問題。在我的顧問工具箱中我找了老半天，確定少了我正需要的那個工具，可以讓我看出到底「欠缺些什麼」。我所欠缺的工具雖至今仍未都找齊，但如今我的確添加了一些從前所沒有的工具。只要我能看出我還欠缺些什麼……

從欠缺些什麼來推論

年輕的顧問往往會因發現了一個獨特的創見而感到驕傲。當年，我發現在公告欄上釘大頭釘的技巧早在我出生之前就已有人發明了，這確實讓我的自尊心嚴重受損。當我人生的閱歷日增，我明白了一個道理：舊工具的使用法雖可不時翻新，但新工具卻難尋

哪。

在軟木公告欄上釘大頭釘的技巧剛發明不久，我還不知該如何充分地加以利用。公告欄不但可告訴你有哪些問題存在或不存在，也可顯示某個問題造成了多少的麻煩。一旦有了這些線索，你可以利用「波定的反向基本原理」，去分析系統為何會產生如此獨特的問題分布，以得到更多的線索。

水平法則

舉例而言，應用「魯迪的大頭菜定律」數次之後，會改變殘留問題的分布狀況。假定顧客對於貴公司所有產品的每一千個抱怨當中，問題最多的前三大產品分別有七百、一百五十、和六十個顧客的抱怨，其餘的產品合計則有九十個顧客的抱怨。你若能將表現最差產品的相關問題悉數解決掉，等於消除了所有抱怨中的百分之七十，那麼產品殘餘問題的數量分布狀況即變成一百五十、六十、和九十。如果你繼續去改善表現第二差的產品，等於消除了剩餘抱怨中的百分之五十，於是情況將變為某一個產品有六十個抱怨，而其他的產品則共有九十個抱怨，或者說，你最大的問題僅佔所有抱怨的百分之四十。

你不斷地將最為嚴重的問題解決掉，於是最嚴重的問題所造成的抱怨百分比也逐步降低，而其餘的問題在百分比上往往會呈水平狀。這是「水平法則」成立的原因：

解決問題的高手會有許多的問題，但少見麻煩特別多的問題。

在「水平法則」適用的範圍內，顧問可以透過觀察現存問題所造成之麻煩的分配比例，而對客戶有更深入的了解。身為顧問的你，若發現問題的分布呈水平狀，則你大可假設你的客戶目前沒有什麼嚴重的問題，但更有可能的是，他們一直能遊刃有餘地處理自己所面臨的問題，而不讓任何一個問題惡化到失控的局面。

沒有嚴重的問題出現，這個事實所隱含的意思是，某個可有效解決問題的機制已然啟動。即使你失去因解決掉某個眾所矚目的問題而受人景仰的機會，但你可乘機找出客戶最習用的問題解決機制，並將之吸收而成為你建議給客戶的方法中的一部分。這會讓客戶與你有英雄所見略同之感，進而建立起惺惺相惜之誼。

缺了解決問題的方法

當客戶的手上有一個問題的麻煩比誰都大，這顯示客戶缺乏一樣極為重要的東西──可將問題依嚴重性而排列的處理優先順序，以尋求解決之道的方法或策略。為了理解為何可作出此推論，那就要用到「波定的反向基本原理」。如果你所碰到的所有麻煩事當中，絕大多數都是由某一問題而起，而此情況已持續了好一段時間，那麼客戶解決問題的能力顯然欠佳，並且不知應該依嚴重者優先的處理原則，將全副心力放在重點的問題上。

儘管解決掉一個嚴重的問題所得的回報較大，但顧問在此情況下，不易找到有利的環境來讓你的想法得以遂行。因此，你得放棄尋找現有問題的解決機制，而不得不去找一件比較容易的事來做，既可對最嚴重問題的某一部分收立竿見影之效，又可樹立你個人的

威信。然後，你才能藉著所立的威信而贏得客戶的信心，願意再投入可貴的資源，讓你與此問題的其餘部分繼續周旋。

　　但這樣的策略有一個缺點，會使客戶過度地依賴顧問，以致其解決自身問題的能力更加弱化。比較好的做法可能是在一開始就不管那個最嚴重的問題，而將心力都放在建立起一套屬於客戶自己的解決問題的機制。先選擇那些既容易、又有把握成功的問題來開刀。即使解決掉一個次要問題所得的回報較低，但客戶可藉此學會如何自行解決其自身的問題。此外，還有一個附帶的好處，客戶可建立起所需的信心。

缺了歷史

　　千萬注意，要看的不只是問題的分布狀況，還要看該分布狀況的歷史。如果最令客戶頭痛的問題是最近才出現，也許是因某個突發的外來事件所引起，那麼較好的策略，就是直接對該問題發動攻勢，啟動客戶原有的解決問題的機制，此機制是新問題爆發前就已存在的。

　　舉個例子，在某客戶的公司裏，有個重要的設計師從馬背上摔了下來，不幸當場斃命。從我豐富的顧問經驗可知，這是一個健全的機構，容許重要的員工可定期去休假，而其他人還能在這段期間設法安然度過。我們所擬定的應變計畫，並非突然空降一位接班人，或是胡亂找個沒有經驗的設計師升職頂替，而是讓其餘原居於二線的設計師每人都接手這位已過世設計師的部分工作，原則上是他們已相當程度熟悉的那一部分。同時，他們可從他們原本所負責

的工作中，選擇最容易移交的部分，轉手給比較沒有經驗的人。

　　這樣細心地重新分配工作，使得客戶安然度過了這個稍微處理不當就會災情慘重的變故。但是，機構裏若是人人都有假不能休、又得加班工作，也沒有人知道別人在做什麼，那麼這就是一個完全錯誤的應變對策。這樣的機構若有人突然離職，將會受到重大的打擊——但諷刺的是，愈是這樣的機構偏偏愈容易遇到有人突然離職的厄運。我若在這樣的公司做顧問，我會利用該公司目前對於災難的恐懼心理，設法鼓勵他們去做一些幅度雖小但非常重要的結構性改變，比方說，建立起一套設計審查的制度，使大家能對於其他人的工作成果更為熟悉。

缺了需要幫助的正式要求

　　依客戶的本性，他們對我會有的期望，僅止於對他們當前的問題能提供一個速成的解決辦法，但凡是速成的東西都不會有多大的幫助。不過，通常我不會碰到這類的難題，因為那些解決問題能力欠佳的人，很少去尋求外界幫助的。此處所欠缺的，即是「需要人幫忙的正式要求」。當某個問題突然爆發了，而你剛巧就在現場，要切記上面這句話。正因為你是顧問，你會發現自己會忍不住想要不請自來地幫忙尋找一個解決的辦法，但是有不請自來的幫忙之心仍略嫌不足。還要確定有人誠懇地拜託你去幫忙。

　　顧問這個行業有一件很諷刺的事，最需要人幫助的那些人反而最不願意找顧問幫忙。這使顧問有時會在無口頭或書面要求的情況下，只因為你剛巧在附近，就忍不住插上一手。千萬不要去做這樣

的傻事！若少了他人正式要求的誠意，恐怕你也幫不了什麼忙。

　　有些顧問遇到的客戶是受人逼迫才不得不去看顧問，這有點像一個犯了法的不良少年，要被逼得萬不得已才會去看法院所指定的精神病醫師。如果你千辛萬苦還找不到一個客戶，你會羨慕其他的顧問竟會有這樣的福氣，但是你可能無法接受他們那令人汗顏的成功率。這樣的顧問很快就學會了一件事，他們的當務之急是要讓客戶補提出一份需要幫助的正式要求。即使是這等小事，通常也難如願哪。

如何看出缺了些什麼

　　一看到缺了需要人幫忙的正式要求，你應立即採取適當的行動，這只不過是隨便舉的例子，用以說明一個顧問要如何利用所欠缺的要素，做為行動的指引。當發現有下列的情況發生，也會促使顧問採取適當的行動，例如，情況一，機構當中完全沒有女性的員工，或沒有年齡在三十五到五十歲的員工；情況二，當專案的技術負責人（project leader）談到有人離職時，竟毫無痛失人才之意；情況三，無人曾提及訓練部門。在某次的顧問工作中，我因為注意到在每個人的辦公室裏完全看不到屬於私人的物品，而讓我獲益良多。另一次，新電腦上的某些功能竟無人去使用。還有一次，我發現有個專案竟然沒人提到截止的日期，補上這個缺漏之後，專案的進展才得以順暢。這些例子在在使我深信，我應該要培養自己注意還遺漏了哪些東西的能力——能夠看出欠缺了什麼。

　　然而，要如何才能看出欠缺了什麼呢？我還沒有找到最後的答案，不過，我可以將一些對我很有幫助的方法傳授給你。

要知道自己能力的極限

　　每次顧問工作所碰到的情況都大不相同，很難為還欠缺什麼立下一個通規。但是，在你每一次的顧問工作中，有一樣東西是絕對不會少的：你自己。假設在上一次的顧問工作中，你漏做了X、Y、Z三件事。用「波定的反向基本原理」來問為何會如此？答案可能是你個人缺少了某樣東西，那就是對X、Y、Z的觀察能力。既然如此，在你下一次的顧問工作中，除非你設法改善所欠缺的觀察能力，否則很有可能你依然會漏做X、Y、Z這三件事。

　　拿我個人的例子來說，我總是有個毛病，沒注意到打從一開始就沒人要求我來幫忙，因此我發明出一個技巧強迫自己要特別留意這一點。每當我接到潛在客戶的電話時，我一定會請他們用簡短的信函來確認彼此在電話上談妥的結果。研讀一封信比起研判口頭上的要求要容易得多，由此可以看出客戶實際上有要求或未要求我去做的是哪些事。

　　即使在我拜訪客戶時，客戶當面要求我去做某件事，我也會請他們將所提出的要求全用白紙黑字寫下來。若是我得立刻答覆，我會將我所理解的要求記在我的筆記本上，並請客戶看一遍予以確認。我所理解的客戶要求十有八九都不正確，因此將之寫下來並檢查一遍可避免掉許多麻煩。

　　雖然我覺得這個技巧價值連城，不過它在你眼中可能一文不

值，甚至會得罪了你的客戶。我雖無意要向你推銷任何獨特的技巧，但有一個用途廣泛的技巧是這麼說的：

找一件你經常會漏做的事，設計一個工具，以確保你再也不會漏掉。

利用別人

顧問每到一個新的環境，對每一個人的個性都需加以評估，而人的性格多樣各如其面，已到了讓任何顧問都會深感挫折的地步，但是在談到要看出遺漏了什麼的時候，多樣性又搖身一變而成了你的盟友。就你盡可能找得到的人，向他們請教「我遺漏了什麼嗎？」這個問題吧。要親近內部的人，因他們長期以來都熟知內情。要利用局外人，因其新鮮、天真的觀點。要結交來自不同社會階層的人，因其職務、背景不同。要聽聽他們脫口而出的第一印象，但也要容許問題在他們的腦中醞釀一段時間後的反應。

在某個機構裏，我與負責增加程式設計師生產力的一個特別小組一起工作。我試圖找出該小組的成員是否遺漏了任何可增強生產力的有效工具，但結果顯示似乎這個問題並不存在，因為該機構的政策是只要程式設計師指名要用的工具，他們都會悉數照單全買或自行開發。

我搞了半天毫無進展，於是請大家暫停一下，來一段休息時間。在上廁所的途中，我停下來向遇到的一位大樓清潔工請教，在這個機構裏遺漏了什麼而讓他感到奇怪的。他想了一會兒，說：

「他們一直都不准我擦黑板。」這給了我一些靈感,我抽樣查看了幾間辦公室:每一間的黑板上都寫得密密麻麻,外加一個「請勿擦掉」的警語,似乎留在那兒有很長一段時間了。

接著開會的時候,我就提出要如何善用黑板的問題,討論當中又引出一個更大的問題,要如何正確地使用其他的工具。黑板若能正確地利用,可以做為激發新點子的一個社交工具,但是若把它當作私人的長期公告欄,在上面寫滿重要的電話號碼或電腦的程式,永遠都不准擦掉,如此一來,就無法達到激發新點子的目的了。討論的過程中可以看出,該小組不缺任何你能想到的工具,缺的只是一個程序,一個可確保所有的工具都被善加利用的程序。絕大多數的工具,就像是黑板一樣,我們都未能充分善加利用,這正是我們要著手改善的情況。

研究他國的文化

大樓清潔工的例子促使我們想到了另一個「遺漏了什麼」的技巧。大樓清潔工因活在一個與程式設計師截然不同的次文化,故可以看出一些程式設計師視而不見的事情。若能找到來自其他次文化的人,我們可以用他們為基準,來和所欲研究的文化比較一下。做顧問的我見識過許多形形色色的機構,每個機構都有一套別人所沒有的做事方法。我還刻意設法在美國以外的地方找些做顧問的機會,因為當地的人會讓我大開眼界,見識到我所熟悉的文化中所沒有的東西,使我能重新審視那些一向被我視為理所當然的事。

比方說在丹麥,有許多的小型公司每天都會找一位「午餐女郎」

來準備一場異常嫵媚動人的三明治大餐。所有工作小組的成員都聚在一塊吃午餐。這是一段歡愉的時光，也是所有參與者對彼此利益相關的事情做出重大決定的時刻。在我們召開解決問題的會議期間，我發現每當丹麥人要做出重大決定的時刻，他們會眾人圍著一張大桌子，一起吃些零食或飲料，以營造一個融洽的決策環境。

有些美國的工作小組也培養出一種類似的習慣，不過，一到中場休息，讓大家有吃點零食或喝些飲料的時間，有許多人卻跑得不見蹤影。我在丹麥之行後立刻改觀，將這類典型的美式作風視為白白浪費了一個培養集體決策技巧的大好機會。我說服了好幾家公司的主管，出錢每週辦一次氣氛融洽的午餐聚會，通常這對團隊精神的培養有很大的助益。

利用待洗衣物清單

要記住一件事不是只能憑記憶，將容易遺漏的事項製成詳細的清單（list）有時也有很大的幫助。在我們所著的談技術審查的那本書中，制定了各式的清單，例如審查會中需用的資料、審查的準備工作應遵循的步驟、審查文件時應注意的重點等。我們稱此類清單為「檢核清單」（checklist），後來有個客戶認為它們比較像是一般在洗衣店裏會用到的，詳列出所有可能送洗衣物種類的那份「待洗衣物清單」（laundry list）。待洗衣物清單的功用，在於提醒你經常會忘了送洗的各式衣物的品名，而或許那正是你應該要送洗的。檢核清單的功用類似，它提醒我們上頭所列的都是**必備**的事項。本書書末所列的一覽表算是一種「待洗衣物清單」，而非「檢核清

單」。你無須做到表中所列出的每一件事，但有朝一日或許你會想要將之列入考慮。

　　在定義不清的情況下工作，有哪些因素是成功所必備的，你可能無法在事前就講清楚，此時「待洗衣物清單」較為適合。不過要注意一點，不可過分信賴你的清單，免得會害你遺漏了一些必不可缺的東西。

檢查執行的過程

　　「待洗衣物清單」除了能告訴你少了什麼之外，還可以有其他用途。你還可以用它來判斷你所賴以找出「漏掉哪些事物」的方法好不好。先將「待洗衣物清單」放在一邊備用，再整理出一份屬於你自己的遺漏項目清單。然後，比較這兩份清單。如果從「待洗衣物清單」上可找到新的遺漏項目，那麼你原本用來尋找遺漏項目的過程可能還不夠完整。要將此過程稍事調整，之後才繼續下一步的工作。

　　再好的過程也無法保證你能夠看出所有應該具備的東西，但是一個拙劣的過程卻絕對會讓你疏漏掉某些東西。若有任何跡象顯示你的過程不良，它同時也顯示任何新的過程都只會更好不會更差。當我在一個機構從事顧問工作時，我會先以開會的方式找出疏漏之處。會議若完全由一兩個人唱獨角戲，我就明白這樣是無法得知在場其他人的想法。我會試圖讓霸佔會議時間的人收斂些，要是做不到，我寧可立刻休會。會後，我會在一個鼓勵發表意見的氣氛下找與會人士一一晤談。

談開玩笑

接著，這個用以看出遺漏了什麼的「待洗衣物清單」，它本身還遺漏了什麼嗎？我就用它來檢查一下它自己，結果看來這份清單相當「合理」，不過問題就出在這裏。如果我不能用它找出幾個「不合理」的地方，那麼這個過程就必然太過保守了。

在我年輕懵懂的年紀，我盼望自己能夠更成熟更聰明些，至少能握有一份完整的清單，裏面滿是切實可行的妙點子，讓我在人前顯得聰明過人。如今，我已成熟到與現實生活中的保守心態成為好朋友，完全達不到年輕時痴心妄想的目標。

我為什麼不當教授

幾年前，我認為自己已聰明透頂，要當個大學教授可說是綽綽有餘。我把這個幻想暗藏在心中長達數週——也就是說，直到我進了學校接觸到學生為止。從那一刻起，一切就開始不對勁了。為此我吃了好長一段時間的苦頭，我甚至恬不知恥地開了一門系統思考的課——好像我真有什麼東西可教似的。也就是這門系統思考的課對我大學教授的永久任職權（tenure）揮出致命的一擊。

下課之後朱蒂留下來告訴我，她即將轉學到奧柏林學院（Oberlin College）去。朱蒂的反應快，又愛開玩笑，能有這樣的機智證明她絕非泛泛之輩，因此我對於即將失去她這樣的學生而難掩失望之情。

「也不是因為學校不好啦，」她安慰我說。「我的姊妹在奧柏林就讀，而且我倆的感情很好。」

「她是妳年長的姊姊還是年幼的妹妹？」

「都不是。」

「都不是？」

「我們在同一天出生。」

「那我知道了，」我得意地說。身為「溫伯格的雙胞胎法則」的共同發現者，我正身處我所熟悉的領域。「妳們是雙胞胎！」

「不對，我們不是雙胞胎。」

「同一天出生，但不是雙胞胎？那她是妳的異母姊妹？」

「不對，我們的父母是同一個。」

「那麼妳們是領養來的！」

「不對，我們在血緣上的父母是相同的。」

「這個嘛，同一個父母所生，同一天生，又不是雙胞胎？這我可要好好地想一想。我還漏掉了什麼嗎？」

「你回去想一想。我倒想看看你用你教給我們的那些原理會得出什麼樣的結果。」

為了讓你免除我當時所經歷過的痛苦，我寧願當時是用下面這個可怕的字眼回答她，「我不知道。妳告訴我吧。」上下一堂課的時候，我的雙眼鬆垮的程度與我的褲子沒有兩樣。

朱蒂顯然已多次遇到這種情形。做為一個醫科大學的預科生，她不忍見到有人痛苦的景象，所以她走向前來找我攀談，毫無逼迫我承認失敗的意思。

「三胞胎。」她說，而我自尊心的泡泡當場就被戳破了。我的腦海中浮現出千百個理由，在在都可證明出這個謎語的人不夠光明磊落，有故意整人之嫌。僅憑著一點零星關於一個女孩的資訊，世上絕對沒有人能猜得出答案的。她很可能會因此而失去對於高等教育的尊重。在奧柏林她很可能會因此而有偏差的行為。他們對我們會作何感想？把一個如此傲慢無理的學生送到他們那裏去？

「妳不覺得這個答案有點太牽強（farfetched）了嗎？」這是我能想到最好的一個理由，要找到一個駁不倒的理由，還需要多給我一點時間。

「這怎麼會牽強呢？傑利，我真的就是三胞胎中的一個。」

我早該聽其他幾個教授的忠告，他們警告我說讓學生直稱你的名字的話，很快地，學生在別的地方也會放肆起來。而更糟的是，當場還有其他學生在一旁圍觀。不過我也可以利用一下他們的同情心。

「對妳而言，它看起來當然不會牽強，但是請問這裏有多少人曾見過三胞胎的？」我屏息看了看四周。沒人回答，我猜對了。他們當中沒有一個見過三胞胎的。「看吧，它的確相當牽強，即使單看這個詞的詞意就夠牽強的了。」

我想這足以給她一次教訓，不要與一個教授做語意上的爭辯，但年輕氣盛會使人無法聰明到肯認輸的程度。「我無法接受這樣的論調，」她仍繼續頑抗。「有可能在此之前，你從未遇到兩姊妹同一天出生卻不是雙胞胎。但是也有可能你遇到過，你卻選擇性的遺忘，好來證明你的說法是正確的。」

「要是我遇到過這樣的兩姊妹的話，我是絕對不會忘記的。」

「我想你的確是忘記了。事實上，我想我可以證明你是忘了。打個小賭如何？你敢跟我賭五塊錢嗎？」

雖然我明白沒有任何高尚的教授會去拿一個窮學生的錢，但是實在需要狠狠地給朱蒂一個教訓，好讓她到了奧柏林之後仍能記得，否則的話，那裏的教授可沒有我這般寬宏大量，她在那兒還不知道要吃多少的苦頭。「好啊，我跟妳賭啦。而這些同學就是裁判，看看最後賭金歸誰。」

「好，這花不了多少時間。答案立刻就可揭曉。」

「立刻？妳要如何來證明，我曾經見過兩個姊妹在同一天出生，生自同一個父母，又不是雙胞胎？」

「就有這樣的兩姊妹正住在你家裏。」

「什麼？住在我家裏？妳別開玩——，啊！」

那個聲音是空氣急速地從我鼓漲的胸腔跑出來時所發出來的。就在那一刻，我決定，自我解嘲的大笑比維持教授的尊嚴要有趣得多。況且，我已完全控制不住我自己了。

溫伯格的叨回法則

那一天，這個故事我先後講了有五十次之多（即使是一個快要退休的教授我也不放過）。回到家裏，我還是忍不住要說給丹妮聽。我也告訴那兩姊妹，她們是同一個父母，同一天出生，而且不是雙胞胎。

雖然她們可能無法完全聽懂我說的故事，但玫瑰和甜心聽到我

們的大笑聲，也賣力在那汪汪大叫並搖著尾巴，以示與我們同樂。因為她們的聽力勝過視力，也因為「叼回」（fetch）是她們最愛玩的遊戲，這使我想到要用「溫伯格的叼回法則」這個名字：

有時牽強只是短視。

我很想稱之為「溫伯格的三胞胎法則」，只是如此一來就破壞了這個謎語的趣味性。此外，玫瑰和甜心並非三胞胎。我記得她們那一胎總共有七隻。

三的定律

　　為了想表現自己的聰明高人一等，結果卻落得既輸了賭注又搞得自己灰頭土臉的下場，我想我絕非是唯一。一心想去證明自己永遠是對的，就難以發現自己的思考過程還遺漏了些什麼。不過，經歷了那一次打賭很不堪地輸給朱蒂之後，我決心要加強自己在「遺漏了什麼」方面的技巧，尤其是在我自己在思考時可資運用的技巧。

　　從我與軟體工程師共事所得到的經驗中，我已發現到一個這種「遺漏了什麼」的工具，可用以解開朱蒂的謎語，只是我當時沒有想到它可以派上用場。在檢查軟體設計的過程是否有缺陷時，我們教客戶要利用「三的定律」：

對於你的計畫，若是無法找到三個可能出錯的地方，那麼你的思考過程一定有瑕疵。

「三的定律」可用以檢查任何一種思考的過程。它保證可以找出大家都會疏忽的地方，而你若賭性堅強，對你認為「贏定了的事」，還可替你省下不少錢哩。

讓你的思考鬆綁

然而，你第一次運用「三的定律」時，你可能會遭遇對方的抱怨：「但是我想不出任何別的東西了。」在這樣的時刻，每一個顧問都應該從身上拿出密藏的錦囊，裏面有各式激發新點子的技巧，譬如腦力激盪法、腦力記載法（brainwriting）、腦力遊戲等。在此提供諸位一些我們常用的技巧。

找出相似處

設法找到一個系統，與你要檢視的系統有某種程度的類似，然後利用該系統做為新想法的來源。生物學、心理學、工程界、運動界、家庭生活面、健康保健法等——在在都是可供選擇的對象。這兩個系統無需完全相同；你要找的是新想法，而非正確的答案。

在某機構裏，我們正在研究該機構技術訓練的方案時，有人指出其與訓練動物極為類似。這樣的類似性讓我們體認到，我們太專注於訓練的內容，反而疏忽了隱含於其中的獎勵與懲罰系統。這促使我們開始對最近受過訓的人員做了一次小小的調查，結果顯示他們大多將看錄影帶的訓練課程視為一種變相的懲罰，原因在於他們必須孤獨地坐在一個通風不良、髒亂不堪的倉庫裏觀看錄影帶。這

個情形很快獲得改善，使得申請參加訓練的人數激增。

走極端

另外有一種方法可用以探索未曾去探索的區域，那就是針對系統的某項特質，去想像一下如果將之推向某個極端值時，會有哪些事發生。成本若加倍將會如何？這些部分若免費即可取得將會如何？這些項目我們若在無重力的狀態下製造將會如何？政府所有的規定若於一夕之間撤除又會如何？你並不真的期望這些事會發生，只是在你的心中將之把玩一下，扭曲目前的系統後，可讓你看清原本遭合理的外紗所遮掩住的事物。

舉例而言，在研究工作士氣和員工離職的問題時，我們不妨假想一下，若是沒有任何人離職，機構裏會有哪些事發生？這使我們體認到一個從未注意到離職所帶來的好處：引進新的員工後，大量的新想法亦隨之而來。我們執行降低離職率的方案之餘，同時還加上了其他的方案，以補充新的想法使之能源源不絕地流入該機構。

看看邊界之外

我們都知道東西往往會掉在縫隙中，而縫隙都發生在邊界上，這是系統與其他部分相接的地方。一個電腦系統或許具備了功能強大的診斷程式，可找出每一個出了毛病的組件（component），但是，舉例來說，當電纜線有問題時，這些特別的診斷程式似乎對這類的問題就束手無策。系統的某一部分和另一部分的交界處是尋找遺漏事物的最佳地點，因為每一個部分都會假設，這些遺漏的事物

理應由其他的部分來負責。

為能找出這些藏身於縫隙之中的項目，首先將所有系統的邊緣處和系統內的接縫處列成清單，然後將所有應該發生在這些邊緣處的活動也列成清單。有的人會反對，理由是「那不在問題的範圍內」，但是，這麼做可以得到有助於驗證你解決問題的方向是否正確的線索。把這些清單當作「待洗衣物清單」來用，經常可突顯受到忽視的項目，例如，客戶打進來的電話一直留在等待的狀態，而無人接聽，問題就出在負責轉接電話的程序上有了瑕疵。

找藉口 vs. 解釋說明

偵探小說裏的幾位知名主角如 Sam Spade ， Miss Marple ， Charlie Chan 等人都知道，一個嫌犯的不在場證明若是過於天衣無縫的話，案子就一定是他幹的。看到辯解時，要注意是否拿它做為遺漏了什麼的藉口。例如，在一家旅館的浴缸上，我們看到如下的警告：

為了你的安全著想！
請注意浴缸的高度。

上一次住這家旅館時還沒有這樣的警語，我們懷疑是有人在跨出浴缸時摔了一跤，之後才趕緊貼上的。浴缸的標準安裝法是其底部要高於地面數英吋，這會讓跨出浴缸的動作變得很危險。在那兒貼個警語表面上是為了顧客的安全，其實是為了再有人摔跤時，可以保護旅館不必擔負任何的法律責任。換句話說，把它貼在那兒的目的

為的是免除旅館的責任，而不必擔負「一開始就忘了該把事情做得萬全」所造成的惡果。

在各個機構裏擔任顧問工作時，我經常會研究他們書面的標準和程序，就好像我研究旅館的警語一般。在一本程序性的手冊裏一個不起眼的地方，有一條奇怪的規定，禁止使用某些產品代碼的組合來代表某些產品。追溯這條規定的歷史，我發現程式設計師已利用這些代碼來代表某些特別的內部紀錄，這是一個不良的程式設計習慣，有人若一不小心誤用了任何一個這類的內部代碼，就會給自己惹上不少的麻煩。

許多書面的規定在制定時，因為所欲解決的問題過去只發生過一次，會流於急就章式的權宜之計。當時發生了什麼問題大家很快就忘了，但因之而制定出來的規則卻永遠流傳下去，變成一條線索，告訴你相同的事件很可能會再度發生。禁用某些產品的代碼，並無法杜絕其他的程式也採用這個不良的程式設計習慣。我們對整個的程式館（program library）做了一次地毯式的搜尋，找到了十多個地方都有機會碰到同樣的事故。

情緒化的成分

「荒唐的」遊戲比起較為理性的方法更能顯現出我們遺漏了什麼，對此我仍深感震驚。我應該不覺得驚訝才對。客戶採用理性的方法若能暢通無阻的話，就不會找顧問來了，因此顧問必得有些非常的手段不可。做法之一就是採用另一種截然不同的理性方法，但若想增加成功機會的話，你得稍微不理性一點。然而，這一點很難

做到，因為遇到困難的問題，人人都想「理性」以對。

洞察言行不一的能力

你是否遇到過客戶一邊急得跳腳、氣得臉紅脖子粗，一邊卻大叫「請保持理性！」？用這種非理性的方式來要求理性，往往達到使我提出來的建議不敢有全新觀點的效果，不過這也提醒了我，或許我忽視了問題中牽涉到情緒的部分。

世上最偉大的顧問南茜‧布朗（Nancy Brown）在一旁觀察我如何與客戶共事，是促使我的顧問生涯產生重大轉折的時刻。我方才將客戶的問題做了一次絕妙透頂的理性分析，但毫無來由地，我覺得完全不對勁。趁著中場休息的片刻，我向南茜請教我遺漏了什麼沒有，她沉著地對我說：「有時，用話語無法讓我得到任何的進展，我就聽音樂。」我聽不太懂她說的意思，不過我還是決定在休息後試它一試。

客戶告訴我，他與同事間的工作關係出了很大的問題，但他的語調和神態卻流露出一派輕鬆，這使得我就拿他的話語和他表現出來的「音樂」作比較，我立刻看出他的話語不具任何的意義。於是我換個角度，當我問到他和他老闆之間的關係時，他開始坐立不安，說話的語調也變得緊張起來。利用這個音樂作為線索，我很快地進入一個完全被我遺漏掉的區域，因為我被他所說的話誤導，他曾說：「不必把你的時間浪費在這件事上。」有了這樣的領悟，使我對問題有了全新的定義，並想到好幾個解決問題的新點子。

此案例中所遺漏的，就是所說的話語與所表達的情緒之間的一

致性。得到這個教訓之後多年來，我學習到了一件事：顧問要找出「遺漏了什麼」最有效的工具，就是具有察覺言行不一的能力。我稱此一工具為「洞察言行不一的能力」：

當話語和音樂無法配合，就表示有一個必要的因素遺漏了。

要找出是哪一個必要的因素遺漏了，最好的方法就是你只要提醒客戶有言行不一的情況，然後等客戶的回應。我對那位客戶說的只是：「我發覺當你談到你和你的老闆之間的關係有多麼好的時候，你的手在發抖。」我無意對這個言行不一的情況作任何的解讀，只不過想去提醒他要注意。他似乎大吃一驚，過了好一會兒才低頭看著他的手，好像要確定我說的是不是真的，然後他就對我敞開胸懷，告訴我他對他老闆的畏懼，到了不敢向任何人提起的地步，更別提它所造成的不良影響了。

布朗動聽的遺訓

南茜也向我解釋聽音樂的技巧不只適用在客戶身上。她指出我之所以最初會向她求助的原因，在於我已經「感覺到」我的分析有不對勁的地方。這樣的感覺也是音樂的一部分——可能是最重要的一部分。你從客戶身上所聽到的音樂，只是一種外在的聲音，這聲音是來自客戶內在的一種情緒狀態，而此情緒狀態則是你無法直接感知的。

但是你自己的情緒狀態你卻能直接感知，而你自己的情緒狀態

往往對於客戶的音樂相當敏感。在你自己的內心，當你感覺到有強烈的情緒在攪動，立刻抓住它，並開始專心聽客戶的音樂，以便循著線索找出音樂的源頭。或是，把你的感覺告訴客戶。客戶縱然以平靜的態度來訴說某件事，通常，在聽完客戶的描述後，我發現我自己也會跟著有點憤怒。一旦我向客戶表白，故事中的某一部分似乎也令我感到憤怒，通常客戶就會撤除情緒上的掩飾，向我坦承這件事有多麼令他氣憤。

　　這個方法對於幫助你看出遺漏了什麼非常有用，於是我給它取了一個專門的名字。為了紀念南茜・布朗慷慨地送給我這份禮物，我就稱之為「布朗動聽的遺訓」：

話語通常很有用，但聽音樂的獲益永遠更多（尤其是你自己內在的音樂）。

這條遺訓帶給我們一個完整的循環，回到最根本的工夫上──認識你自己，這是能夠做好所有顧問工作的源頭。為使我們表面上看來不致比真實的我們更為荒謬，唯一可行的方法，就是能夠看出我們自己的身上還缺漏了什麼。

6 避開陷阱

avoiding traps

心存災難不可能發生的念頭，經常會導致一發不可收拾的大災難。

——鐵達尼號效應

打從我還是個少不更事的小夥子開始，我就發願要寫出全美國最偉大的一本小說、解開獅身人面獸（Sphinx）的謎語、一躍而過任何一座高樓。年事漸長，我慢慢了解到這些事自己無一能夠企及；於是我退而求其次，改行做顧問，教導別人如何去達成這些願望。我心中的盤算是：在全人類當中，做起事來能夠分毫不差一如你所願的，唯有顧問。

我一再地把我的標準降低。如今，在我閒暇的時間，我只要能夠寫出一個全美國最偉大的句子、解開如何吃薯條而不會把蕃茄醬沾到襯衫上的謎、走過雪堆不致滑倒而弄傷我的腰，就已令我高興萬分了。對於我的顧問工作，我只求能不捅漏子，就心滿意足了。

不捅漏子

如今，我知道有些禍事是躲不過的——比方說，有一顆蘇俄的人造衛星下定決心要穿破你的屋頂，跟你的電視機纏綿至死——但我的禍事絕大多數的來源都是同一個：我本人。這是為什麼我對「波頓定律」的運用特別精熟，它是一種化敗筆為特點的技巧。即便如此，「波頓定律」也有其侷限，用得太過火的話，大則效果大打折扣，小則弄得自己疲憊不堪，因此我對如何不捅漏子之道也小有一番研究。

顧問生性就熱中於想要改變世界，我保證會在後面的章節中詳細地教你要如何去做；但是，當你想要縱身一跳即可躍過高樓之前，你應該先學會的，是如何讓你的客戶不去惹麻煩上身——也讓

你自己也不惹麻煩上身。

法則、定律、和命令

神祕的耶誕禮物

　　每當我收到北方天然瓦斯公司寄來的免費禮物時，我就知道耶誕節又近了。去年的禮物盒裏放的是一個月曆，上面印著一幅深褐色的版畫「密蘇里州的露營之夜，一八三四」。今年的禮物則是「陪審團」，上面刻了一個面龐消瘦的印地安戰士，身旁圍繞著一群美洲野牛。

　　繪畫的主題年年會變，但禮物的類型卻不變，都是月曆。所附的贈品也總會有一隻原子筆。還有一個磷光鑰匙鍊。再加上一些小東西。

　　去年，送的是一個可隨意改變形狀的磁鐵。丹妮用它把食譜貼在冰箱上。今年，送的是一個塑膠製的雨量計。他們的心意我很感激，因為雨量計比起可變形的磁鐵要貴上許多，可惜我已經有個雨量計了。丹妮的食譜數以百計，但我們一次只會碰上一場雨。

　　我想寫封信到北方公司去抱怨一下，但我不想讓人有不知感恩的印象。畢竟，當初我為什麼會列名在他們耶誕禮物的贈送名單上，我是毫無概念。我甚至連一張聖誕卡也沒寄給他們過。

　　我把這個問題告訴了丹妮，心想或許她會願意幫我寫這封信，因為要用磁鐵的人是她。「你不覺得，」她說，「都已經七年了，你也該弄清楚為什麼他們年年都要寄禮物給我們嗎？」

「這也是我想知道答案的問題之一。要是他們告訴我是他們弄錯了，並且要我把這些年來的禮物都還給他們的話，那該怎麼辦？我已經用掉了三支原子筆，而且上次我們把妳的車賣掉的時候，還隨車附贈了一個鑰匙鍊。」

「你沒有一點線索嗎？」

「怎麼樣的線索？」

「包裝盒裏從來都沒有附封信嗎？」

「這個嘛，有啊，我想有吧。你真以為有了那封信就能把一切都解釋清楚嗎？」

「你不老是告訴我：『有任何疑問，請看使用說明書。』嗎？」

我不回答這個無法反駁的問題，偷偷溜出去找到那封已被我揉成一團的信。它的開場白是制式的「恭賀聖誕」，之後北方公司熱忱地感謝我們容許他們埋在地下的瓦斯幹管通過我們的土地。然後，他們表示希望我們能夠接受這份小小的紀念品，代表他們的感謝之意。

「設想的還真周到，」我暗忖，「可是我毫無要求他們把瓦斯幹管移走的機會，既然如此，他們幹嘛還要在意我是否心甘情願？至少，對於像北方公司這樣的大機構而言，生意最重要，事情要辦好就不能講情面。其中必然另有蹊蹺。」

然後，我發現其中有幾句話吸引了我的目光，它說萬一我打算在瓦斯幹管的附近挖地，可就我的方便打個電話通知他們。這些話的修辭非常謹慎，在我讀完第一遍時完全沒有留下任何的印象。顯然，他們是不想引發我的焦慮，為了一個離我家北邊六十公尺遠或

有可能會發生的一個天然瓦斯災害而擔心。但是，萬一哪天我不巧
帶了一把鏟子，或開了一台挖土機往北走的時候，他們的確希望我
能夠想到這幾句話。

　　事情本當如此。如果我擁有一條瓦斯的輸送管線，我最大的惡
夢就是夢見居住在管線附近的農夫們成群結隊，人人手上拿了一把
鏟子，開著一台巨型的曳引機。

　　你會如何讓人們隨時想到瓦斯管呢？用一封信？不可能達到效
果！信的下場通常是數以百計地被揉成一團扔進垃圾桶。

　　回到四〇年代，在美國的中西部無論你的車開到哪裏，都會看
到一個制式的紅色霓虹燈招牌：

來此用餐
順便加油

這些招牌早在幾十年前已不復見，但時至今日，大平原區的加盟連
鎖餐廳縱然多達兩萬多家，每當我見到某家餐廳掛著紅色霓虹燈招
牌，還是會讓我想到要替車子加個油。你可能會說我的某種思緒被
觸發（triggered）了。

觸發器

　　如果我擁有一條輸送管線，我會砸下重金找來全世界最好的專
家。我會對這群專家提出一個要求：我們要如何提醒農夫，每當他
們要挖掘土地的時候，就會想到瓦斯管。

　　因此，伴隨著那封信，北方瓦斯公司還寄來一些觸發器

（triggers），每一樣上面都寫有該公司的電話號碼，期望有朝一日可派上用場。我終於了解每一樣禮物的背後都暗藏了玄機：

- 月曆一份，可讓你在某個日子上做記號，寫著：「本日挖土，北方十二公尺。」
- 原子筆一枝，可用以繪製施工地圖。
- 磁鐵一個，可將施工地圖貼在冰箱上。
- 雨量計一支，可查看今天的土壤是否過濕，不適於挖掘工作。
- 鑰匙鍊一個，可收納曳引機的鑰匙，曳引機若使用不當，它的利刃隨便一挖，就會造成北方公司一百萬美金以上的損失。

我發現丹妮正在重新安排冰箱上那幾張食譜的位置。我告訴她我已想出為什麼會白白地收到禮物，但是我還是沒弄懂他們為什麼要那麼費事。「瓦斯輸送管周遭的農夫當然個個都知道輸送管就在哪兒，也知道在那附近挖掘是件很危險的事。」

「他們當然知道。就像你想知道禮品的包裝盒裏有些什麼的話，你應該先看看盒裏所附的那封信，道理是一樣的。如果每個人都只會做出他們所知應該要做的事，那麼汽車就不必加保險桿了＊。」

＊ 這是為什麼我要寫這本書來談法則、定律、和命令。它們就像北方公司的鑰匙鍊。他們把觸發器放置在你周遭，提醒你已經知道的事，當你正要發動曳引機時，提醒你可能會忘記的事。

主幹管的座右銘

　　不管我把觸發器稱為法則、或定律、或命令、或原理，目的都
是一樣的。它們都是一些引人注目的文句，其設計的宗旨在於希望
當你想去做一件你明知不該去做的事的時候，這些句子就會突然浮
現在你腦中。或當你忘了做一件你明知該去做的事*的時候亦然。

　　舉例而言，我從北方公司的禮物得到的靈感而發現到的法則，
我名之為「主幹管的座右銘」（Main Maxim），我刻意用「main」
這個字的雙關語（輸送自來水、瓦斯、電等的主要管道）：

**你不知道的事或許還不會傷害你，會傷害你的經常是你忘了的
那些事。**

這種雙關語的花招亦可用於瓦斯幹管（gas mains）、自來水幹管
（water mains）、輸電幹管（electric mains）等，這可使你所在地的
公用事業公司有種很偉大的感覺。但是我要怎麼做才能使你在明年
的聖誕季節，你連安裝說明書都還沒看，就想要安裝小捷安特腳踏

---

* 我所採用的名稱，都是精心設計過，可幫助你想起觸發式警訊，盡可能用雙
關語、頭韻、或是其他的方法，像是 Brown's Brilliant Bequest（布朗動聽的
遺訓）， Rudy's Rutabaga Rule（魯迪的大頭菜定律），和 Boulding's Backward
Basis（波定的反向基本原理）。重點是在恰當的時刻能夠觸動你，也就是在
你需要這些觀念的時刻，而不是為了讓你能以有層次的方式把這些定律、遺
訓、法則、原理列成一個清單。最重要的定律就是你目前所亟須的那條定
律，而不是當我為它們取名字時，我認為最重要的那條定律。

車的前一刻，會猛然想到這個座右銘呢？或者，下一次你即將拜訪你最重要的客戶的時候？

觸發器設置之道

身為顧問，你必須有能力把觸發器放置在你自己的腦中，以及你客戶的腦中。所有你能提供的服務中影響力最大的，就是幫助別人不去捅他們知之甚詳的漏子。

洋芋片原理

把觸發器裝置在你的大腦中，這樣的想法會讓你嚇一跳嗎？應該會的。你若是像我一樣的話，你的腦袋裏已經放了好些你很不想要的東西。

我知道我家的閣樓早就需要好好地清一清了，但是我一直有些害怕會觸動我腦中昔日的回憶。如果我不是這麼害怕心理學家會在我腦中找到些什麼的話，我早就向他們求助了。舉件小事為例，我無法克制自己愛吃洋芋片的衝動。

但這還不是最糟糕的。我還有強迫性閱讀的病症。我想不出有什麼時間是我不閱讀的，而一開始讀將起來，就非得看到完不可。我記得我早期的一些閱讀經驗，就來自洋芋片的包裝盒。

你可能會說，都過了半個世紀，我早該把有關洋芋片的大小事都弄得一清二楚才對，可是我還是經常不由自主地去閱讀下面這類的產品說明：

　　保證事項：本產品是依照最高的品質標準來製造。假使本產品
　　有不新鮮或變質之情事，雖極不可能發生，仍煩請將本包裝盒
　　的頂部完整寄回，即可換取新品。請用印刷體寫下您的姓名及
　　地址，並告知退貨的原因。

這段說明是用小字印在包裝盒窄邊的底部。他們不希望我看到它
嗎？這並不重要。對於有強迫性閱讀症和嗜食洋芋片的我來說，任
何文字不管它印在哪裏，只要是印在洋芋片的包裝盒、包裝袋、或
包裝罐上的，都會啟動我的觸發器。這使人聯想到「洋芋片原
理」：

　　如果你知道閱聽的對象是誰，設置觸發器就很容易。

當然也不是非洋芋片不可。不論是隱密的或是顯著的，凡是印刷出
來的文字對我都有致命的吸引力。我的那個磷光鑰匙鍊上大大的印
了幾個字：

　　北方瓦斯公司
　　當你想要挖土或爆破前請先電話通知我們

夠令人毛骨悚然的吧，而且它還會在黑暗中發光呢。它對我當然有
觸發器的效果，但對你有效嗎？當你半夜三更打開炸藥箱時，你會
注意到這些朦朧的磷光嗎？還是，結果造成了劇烈的瓦斯幹管爆
炸？

趣味的短語

對於全人類當中頭腦清楚的那一半人來說，嚴肅且文字式的觸發器高聲朗誦起來，遠不及輕鬆逗趣的觸發器來得有效。威爾‧羅傑斯（Will Rogers），一位美國的幽默作家，寫起好記又饒富趣味的短語來堪稱大師。事實上，每當我一想到威爾‧羅傑斯，就會記起他的一句話：

「我從未遇到一個我不喜歡的人。」

這讓我回想到一九七四年我讀到的另一個妙語，掛在舊金山 Gumps 精緻工藝品店的男廁牆上：

「威爾‧羅傑斯從未遇到理查‧尼克森 [1]（Richard Nixon）。」

有強迫性閱讀症的人對所讀的東西大都會立刻就忘了，但是這則趣味的短語卻一直深印在我的腦中。這讓我發覺我是老了。在我年輕時，大伙兒還沒有尼克森可供眾人消遣。也沒有以尼克森為主角的笑話。有的都是以希特勒（Adolf Hitler）為主角的笑話。我們的寫法會是：

「威爾‧羅傑斯從未遇到希特勒。」

---

[1] 譯注：Richard Nixon 是美國第三十七任總統（1969-74），因水門事件而辭職下台。

我記得看過一個講希特勒最後一天在他的地下指揮所中所發生的笑話：

> 從前線傳回來的都是戰事失利的消息，俄國的軍隊已挺進到柏林，美國的軍隊也渡過了萊茵河，想要趕在俄國人之前佔領德國。希特勒被這一連串的噩耗搞得焦頭爛額，於是召集所有的幕僚到跟前，對著他們大聲咆哮道：「事情到此為止！我已經受夠了！從今以後，我不要再當好好先生了！」

像這樣的一則饒富趣味的短語，一定可以當作某件重要事物最好的觸發器。然而，此時此刻它讓我憂心起來，威爾・羅傑斯的話有可能是對的。第二次世界大戰是否可能是因誤會而造成的呢？可憐的希特勒真的是個和藹可親的人，只是我們全都誤會他了嗎？

鐵達尼號效應

國家領導人如果與社會的現實脫節，總會製造出麻煩。領導人的權力會使麻煩益形惡化，但還不致釀成災難。我再引用威爾・羅傑斯的另一段話：

> 「讓我們陷入麻煩的不是那些我們不知道的事，反而是那些我們知道，但事態的發展卻大出所料的事。」

我想威爾・羅傑斯說的是人生一個很重要的道理。對希特勒我不知該給他什麼趨吉避凶的建議，但尼克森如果不那麼過度自信的話，或許他能夠安度那一次風暴。你大可去問那些堅信有了四條Ａ就可

通殺的撲克牌賭徒，最後的下場是什麼。

賭撲克牌的老手都知道，會讓你輸得傾家蕩產的絕不是一付爛牌，反而是一付「絕不可能輸」的牌。鐵達尼號的船東「知道」他們的船不可能沉沒。他們不願浪費時間去繞過冰山，更別提浪費錢去購置永遠用不著的救生艇。

這樣的心態會帶來毀滅性的後果，就像「鐵達尼號效應」所說的：

心存災難不可能發生的念頭，經常會導致一發不可收拾的大災難。

對於一件你知道的事，當事態的發展「大出所料」時，麻煩就開始了。此時，你若還一個勁兒地對自己充滿信心，以致你的所作所為就好像自己絕無可能做錯似的，就會使得麻煩更加惡化。正因為你對你自己太過信心滿滿，使得原本的一個小錯誤有可能翻轉成一個重大的災難。

天然災害的觸發器

如此說來，我們要如何為「鐵達尼號效應」量身打造一個觸發器呢？北方瓦斯公司的經理大人們若想讓我不致誤炸了他們的輸送管線，他們無須告訴我輸送管線穿越我家土地的精確位置。他們唯一要做的只是在我心中佈下一顆忐忑不安的種子。如果你對輸送管線所在的位置有絲毫疑慮的話，你敢冒險點燃引信嗎？

在避免類似鐵達尼號災難的努力上，全世界所有的國家中紀錄

最好的，似乎非瑞士人莫屬。有任何人能夠想像瑞士會出個希特勒，甚至出個尼克森嗎？

那麼有人會說啦，廣受好評的瑞士式民主是讓他們不捅漏子的主因。絕大多數的瑞士人都不知道總統是誰，因此即使不幸出了一個稍嫌過分自信的總統，也不會有多大的危險。

但是，既有強迫性閱讀症又嗜食洋芋片的我，在瑞士居住多年後，自認有個更好的答案：瑞士對於「鐵達尼號效應」有一個祕密的觸發器。

瑞士有一家洋芋片公司，擁有龐大的小貨車車隊，車身一律紅黃相間，疾馳在馬路上。你走在任何城市的街道上，幾乎不可能不遇到茨偉弗（Zweifel）的小貨車從你身邊呼嘯而過。而你不巧又是強迫性閱讀症患者的話，這些條件湊在一塊兒就是你所需要的觸發器，因為 Zweifel 在德文有「疑慮」之意。

不過，如果你不是強迫性閱讀症的患者，或沒有福分剛巧住在 Appenzell 或蘇黎世（Zurich）的話，茨偉弗對你有什麼好處呢？你需要的東西就變成別的，一些經常會出現在你身邊的東西，像茨偉弗的卡車之類的，可以讓你對於你很有把握的事勾起一絲有益健康的懷疑。

玩撲克牌的時候，每當你聽到小冰塊在馬丁尼酒杯裏叮噹作響，你就會想到鐵達尼號。舉我自己為例，我每次碰到一個我不喜歡的客戶，我就會想到威爾・羅傑斯。然後，威爾會提醒我，我對那個人的了解可能有誤。

打造你自己的鈴聲系統

對每個人來說道理已經很清楚了，我們的麻煩大多不是來自掉落的人造衛星，而是來自掉落的記憶力。我自己的記憶力。「主幹管的座右銘」警告我：

你不知道的事或許還不會傷害你，會傷害你的經常是你忘了的那些事。

我知道何時會碰上這樣的麻煩，那就是當我在喃喃自語著：「你這個沒有頭腦的白癡！你知道的不只是這樣吧？」而「鐵達尼號效應」也告誡我：

心存災難不可能發生的念頭，經常會導致一發不可收拾的大災難。

我能認出「鐵達尼號效應」，所憑藉的是其嚴重的後果，或是我小聲地咒罵的那些話：「你這頑固的笨蛋！你就是不肯承認這樣可能是錯的嗎？」

有了這些事證，我亟思有所改善，但「白麵包的訓誡」讓我心懷警惕：

如果你用相同的烹調法，你將得到同樣的麵包。

因此，我所需要的是一種新的烹調法。要避免捅出「主幹管的座右

銘」式的漏子，我的所知足矣，但是，當我即將做一件我所知仍有不足的事之前，我需要一套新的烹調法來提醒我。

　　已經知道自己還缺了什麼，但我又該上哪兒去找呢？正當我為此而苦思不解之際，突然電話鈴聲大作。我在打斷我思緒的第三個鈴聲一響完就接起電話，結果竟是撥錯號碼，我不禁對自己大聲咒罵起來：「我為什麼就不能不去理會這可惡的鈴聲！」當時，我正坐在一片空白的文字處理程式的前面，腦中同樣是一片空白，丹妮這時走進房來。

　　「你正在哼的是哪首歌啊？」她問道。

　　「哼歌？我在哼歌嗎？」

　　「我猜那首歌是『聖馬莉的鈴聲』。」

　　「哎呀！我想到了，」我大叫起來。「當然啦，就是鈴聲。」

　　「看你興奮成這個樣子，你到底在嚷嚷些什麼啊？」

　　「就是那個鈴聲。電話公司的鈴聲設計非常巧妙，讓我不管正在做什麼事，都無法不去理會它。要是少了這個特性，電話系統就成功不了。」

　　「那又怎樣？」

　　「所以，我需要的是一套屬於我自己的鈴聲系統。」而這也正是本章的主旨：如何打造一套屬於你自己的鈴聲系統，你絕對*無法*不予理會的一套觸發器。

隨處可貼的小抄

　　屬於個人的鈴聲系統是一步一步打造出來的，老舊的設備有時

反而會加快進展的速度，就像最早的貝爾電話系統（Bell System）一般。以餐廳帶給我的問題為例，有的人一進了餐廳就沒有胃口，而我則完全相反。我的問題是進了餐廳我就會暴飲暴食。當我為顧問工作而出差的期間，通常我會因為怕表現不好而緊張，所以一逮到機會就大吃大喝，以紓緩緊張的情緒。事後又會為自己的飲食過量而懊惱不已，而為了讓自己心情好轉，於是整個出差的期間我每餐都把自己餵得飽飽的。

對此問題，可回溯到我四歲時我母親深植在我心中的一個觸發器：「一旦你的心情不好，去吃點東西！」經過了四十年的消化不良，我能完全體會：靠多吃一點來讓心情變好，這是行不通的。但是，正如「主幹管的座右銘」所說，「忘記了」才是造成我消化不良的元兇。

消化不良還不是最糟的事。出差結束之後要花很長一段時間，「忘記了」和消化不良的問題才受到控制，但那些討人厭的贅肉卻揮之不去。為了消除多餘的贅肉，我看過的節食書籍不下數十本，倒也不是因為讀書能消耗的卡路里要比跑步來得多，而是因為閱讀這類的書籍會讓我得到一種道德上的優越感，而且每本書上都會有不少絕妙的建議。很不幸，每次出差時興奮的情緒總是讓我忘了這些建議。

其中有一本書給我的建議是，下一次我又在狼吞虎嚥時，我應該想想下面的幾點注意事項：

1. 要記得一時失足並不代表道德的淪喪。

2. 要拒絕負面的思維。

3. 問問自己何以致此；然後規畫你的戰略，下次不致如此。

4. 立即恢復有節制的飲食。

5. 找個對你有支持作用的人聊聊。

6. 要記得你正在做的是一生的改變。你不是在減肥。查看你目前的進度，並全力以赴。

　　我覺得這些事項一定是對的，因為我至少在其他的三本書上也看到了相同的說法，雖然我在該想到的時刻絕對不會想起它們。在我讀一本談節食的書的時候，我並不需用到這些注意事項，但是當我在餐廳裏大吃特吃的時候，這些注意事項就很有用了。

　　應用「主幹管的座右銘」，我把這六點注意事項抄到一張名片上，塞進我的皮夾裏，就放在美國運通卡的旁邊。出差期間我從不付現金，在關鍵的那一刻我一定會看到這張名片，只是我已經把我自己塞得飽飽的，活像隻大肥鵝。

　　這個方法有用嗎？多數的時候有用。如今，我出差兩週回來，增加的體重還不到一公斤，而非二到五公斤。為了慶祝如此豐盛的戰果，我有本錢可以偶爾在家裏大吃一頓。不幸的是，丹妮她不收美國運通卡。

　　給自己寫個小抄會是一個很好的觸發器，只要你能把小抄和你想要矯正的行為有關的事件連結在一起。最近我上中餐館去吃飯時拿到了一個幸運籤餅，其中的字條上寫著「抑制想要改變你原訂計畫的衝動」。這對我是一個很好的建議，但是，當我點頭接受客戶

飯局的邀約時，要比我在中餐館時，更需要這樣的字條。因此，我把這個籤條夾在我記載約會時間的日程表上，放在那兒可增加一個機會提醒自己不要捅出更大的漏子。

流水帳卡

你是否會吸菸過量，或是你知道有誰會吸菸過量？做為業餘吸菸問題的顧問，我幫助過幾十個人減少每天的吸菸量，方法很簡單，只要叫他們每吸一根菸就把時間記錄下來。這些人頗能享受吸菸之樂，毫無戒菸的打算，但他們也知道並非每根菸都是非抽不可的，因此他們需要有個觸發器，來提醒他們可能在無意間又多抽了一根菸。通常我的建議是要求他們去找個特別的香菸盒，盒中擺上一張流水帳卡，記錄抽每根菸的時間。用了流水帳卡一個禮拜之後，他們不但減少了吸菸量，在吸每根菸時也更能享受到吸菸的樂趣。他們也學會把觸發器變成香菸盒本身，如此一來可省下保存卡片的麻煩。

我們把記流水帳卡的方法推而廣之，應用到許多其他與習慣有關的問題上，也是一樣的成功。為了改善愛打斷別人說話的習慣，我給客戶的建議是每有打斷別人說話的情形，就記下發生的時間，以及被打斷者的名字。為了扭轉花太多時間在打電話上的傾向，我要求他們記錄一份清單，上面列有通話的對象、通話開始的時間、以及通話結束的時間。在這些案例中，無須對習慣本身採取任何行動，只要蒐集相關的資訊。有的人發現習慣並不如他們想像中的可怕：他們的麻煩不在於習慣，而在於他們對習慣的感受。

實體裝置

會飲食過量而需要有觸發器的人,我不是唯一一個。我的朋友錫德在他家冰箱的門加裝了一條腳踏車鏈和一把鎖。這些裝置仍然無法阻止他去拿冰淇淋,因為只要他肯爬到樓上取到鑰匙,就可掃除障礙。不過,在他上樓的途中,有時會想起他的心臟病已經發作過兩次了。

無論如何,盡可能讓你的觸發器成為你個人的祕密,會是一個比較好的做法。可能有些認為「主幹管的座右銘」對他全無用處的人,會對你的做法大肆嘲弄。當錫德家裏一有客人來,他就要為那條車鏈而感到有點面子掛不住,弄到後來他乾脆把車鏈換成一個電子裝置,每次他一打開冰箱的門,上面就會發出「你好,大肥豬!」的聲音。很不幸,這套裝置的效果遠不如門鎖和車鏈。為何如此呢?

原因之一是觸發器的警告來得太晚,錫德一旦見到了食物,再想要他理性克制自己就非常難了。要讓觸發器發揮效果,出現的時機一定要恰到好處:太晚則你已啟動了會招惹麻煩的行動,而太早則你可能又會忘了。

別人

我們往往會利用別人來做為我們的觸發器,但這麼做很危險。有時候我會請別人來提醒我某件事,其實我真正要的,是在我未能去做我該做的事的時候,能有個可以怪罪的對象。直到後來,我才

學會利用我怪罪他人的託詞做為我的觸發器，提醒我其實那是我自己的問題，而不是別人的問題。每當客戶開始把事情怪罪到顧問的頭上時，做顧問的人都應牢記這個道理。或許能當個坐領高薪的替罪羔羊你也心甘情願，但這應該是你自己的選擇。

利用別人還有另一個問題，那就是別人往往會勾起你不必要的聯想。錫德告訴我，從冰箱上發出來的男性聲音會讓他聯想到他的父親。當他還是一個過胖的青少年時，他的父親會用嘲笑和恫嚇的方式來壓制他好吃的衝動。正如多數叛逆期的青少年一樣，錫德學會了對抗他人的嘲笑和恫嚇，因此這樣的觸發器會收到反效果。它非但無法提醒他要注意心臟病的發作，反而讓他憶起他必須奮起抵抗他人的嘲笑或恫嚇。他還會故意咬上一大口，以向那個聲音證明任何人都不能讓錫德屈服。

信號

除非是別人主動請纓，並且那人也確知應達到的目標為何，否則不要利用別人做為你的觸發器，這才是明智之舉。為免得辜負了別人自願幫忙的美意，你必須明瞭你自己會有哪些情緒上的反應。我的體會是我對於手勢的反應，要比對言詞的反應敏感得多。身為顧問的我，要花費許多時間在主持會議上。當我話說得太快、太長、太大聲，以致變成我霸佔了整個的會議時，能夠提醒我閉嘴最有效的方式就是比手勢。用語言表達的信號只會使情況益形惡化，因為它會讓我害怕有人想要藉著把話說得很快、很長、很大聲來搶走我會議的主導權。

　　我跟我的客戶和學生都有一個約定，每當我進入忘我的境地時，就立刻打個手勢給我，但是最有機會和我一塊工作的人是丹妮，而她不愛比手勢。即使比個手勢就能立刻讓我停止說話，也不會造成我任何的不快，但丹妮仍然覺得這樣的動作會惹人討厭。對她而言，比手勢是一種父母壓制子女的象徵，就像我覺得用言詞打斷別人說話有相同的意義。對我而言，比手勢就像裁判所用的方式一樣自然，因為用語言表達的信號在觀眾的叫喊聲中沒人能聽得到；手勢只不過是比賽中正常的一部分。不過當我開車的時候，我接受用語言做為表達的信號，因為我了解此時比手勢會分散我對路況的注意力。這就是在不合邏輯的事當中所隱含的邏輯。

互為觸發器的約定

　　彼此若是同行，即使事先雙方沒有任何合作的默契，也會很快就發展出一套約定俗成的觸發器。「當我做出某某事的時候，你就告訴我。當你做出某某事的時候，我也會告訴你。」但約定的內容一定要是有來有往、彼此對等的。

　　電腦的程式設計師對於災難已有非常豐富的經驗，但他們很討厭一個局外人來告訴他們有冰山出現。這是為什麼他們會成為「鐵達尼號效應」最大的受災戶。不過，我從提供觸發器給程式設計師以避開冰山的航路一事上，已賺到了可觀的顧問費用。我之所以能夠成功，在於程式設計師視我為他們的一份子。當我聽到有程式設計師說：「有什麼地方還會出問題呢？」我只要像鸚鵡一樣把他的話給模仿一遍，通常就可收冰山警告器的效果。

我也能訓練由程式設計師所組成的團隊，教導他們如何互為對方的冰山警告器。我給他們一個按鈕，上面寫著「有什麼地方還會出問題呢？」我設置一個「本月烏龍獎得主」的獎盃，在成員間相互傳遞。我教他們「三的定律」。不論你的客戶所屬行業為何，你也可利用這些觸發器，幫助客戶掃除「鐵達尼號效應」，但是，要這些觸發器發揮功效有一個前提，那就是：你們同在一條船上。

弔詭的是，你們所在的那條船若完全相同，那麼互為觸發器的方法就會失靈。如果所有的成員都同時愛上同一種熱門食物，那麼「體重監視員」也會變成一個大饕客。所有的成員需要同一種觸發器，但需用的時機不同。因此，如果客戶的整個公司已重蹈鐵達尼號的航程，航向不可知的未來，大家卻渾然不知，此時就需要某個局外人大叫「有冰山！」然後，你的客戶當然會對這個局外人說：「對於遠洋定期客輪業你懂什麼？」

利用你的無心之舉

吟遊詩人

要如何利用觸發器來記取「白麵包的訓誡」，有效的體重控制法可說是一個活生生的例子。不管「體重監督員」這個封號多麼動人，還沒有人能只靠著監視體重就減輕一兩肉的。站上體重計和看著鏡中的自己，每個動作所消耗的熱量都不到一卡路里。真正有效的減肥法是去注意會增加體重的祕方。打從我還是個小男孩開始，母親就為我備妥了她家祖傳的增重祕方。這套祕方對於她娘家的每

一個人都很有效，對我，當然也是非常管用。

　　我的腦袋裏就裝滿了母親家的祖傳祕方。例如，有一套書的標題是「如何將兒子塑造成一個充滿叛逆的青少年」。這套詳細的說明書在我的腦中呈休眠狀態多年，直到我自己的兒子克里斯進入這個人人聞之色變的年齡。我接到他英文老師發的一張通知，是有關他的行為表現。我讀著這份通知的同時，我發現自己胸中的怒火如小火般燉著我，懲罰他的辦法如大火般烤著我。這是一道非常有營養的祕方，而我品嘗著我的懲罰辦法有如正在享用豐盛的一餐。

　　我知道我正在品嘗我的懲罰辦法，因為每當有頓飯我吃得甚覺滿意時，我就會哼起歌來。通常我太專心在吃的上面，而不曾注意我在哼什麼歌，但這一次食物是假想的，因此我注意到了。我不記得我是從哪學來這首老掉牙的歌，它的歌詞是「就在戰役的前夕，媽媽，我非常想念妳」──這是一個標準的「白麵包的訓誡」。我即將跟我的兒子開戰，屆時我會把我母親毫不保留地傳授給我的那一套引發反抗的祕方，原原本本地再傳授給我的兒子。

　　從此以後，我對我大腦中特定的區域開始有了更深刻的認識，這些區域在我需要觸發器來對我提出警告的時刻，就會開始哼歌。像不久之前的「聖馬莉的鈴聲」。或是像昨天，丹妮正在為她的紐約之行作準備。她有十幾年沒有回老家了，她習慣性地列出一份名單，記下有哪些人是絕不可忘記打電話問候的。在晚餐的桌上，她請我幫忙看看還有沒有遺漏的，但我看不出漏了誰。就在我洗碗的時候，我發覺自己在哼著 Flotow 的專輯同名曲〈瑪莎〉。幾年前，我會把它當作不過是隨便哼首歌罷了，而不去理會，但如今我已學

到了要注意從我大腦所發出來的任何訊息。一旦我將此事當作是一件意有所指的事來看，我就領悟到在丹妮的名單上漏掉了我們最要好的朋友瑪莎。

無意識的侷限

　　無意識不是一個精確的、有分析能力的器官，所以由無意識所形成的觸發器絕非輕易即能正確解讀的。有一次，在紐西蘭的密爾福小徑（Milford Track）上，我拖著我那因扭傷而疼痛不已的膝蓋蹣跚地走著，這是這次登山健行的第二天，天上下著滂沱的大雨，我突然發覺自己哼起了〈北方佬之歌〉（Yankee Doodle）這首美國南北戰爭時期的準國歌。為什麼？起初我還以為是因為想家的緣故。我知道我若能正確地解讀其中的訊息，我就會停止哼歌，但是思鄉的這個解釋並未讓我停下來。我連哼了兩個小時的〈北方佬之歌〉，哼得人都快發瘋了，於是我嘗試從歌詞下手。「北方佬進城，騎著一匹小馬……」對啦！我心中的那個愚蠢的吟遊詩人想要告訴我，只要能找到一匹馬，就可結束這段艱苦的行程（我若不是在這前不巴村，後不著店的荒野之中，這倒是個蠻好的建議）。

　　但是，我要為我心中的這位吟遊詩人說句公道話：他肯學習，也能記得我一下子就會忘記的事。在上週的那次暴風雪中，我們的車子突然失去了動力，害我不得不冒著嚴寒刺骨的天氣到車外去修理發電機。當我正要穿上禦寒的衣物時，我發現自己在哼著一首玻璃絲襪的廣告歌：「沒有任何一樣東西能比得上一雙偉大的 L'Eggs 牌絲襪」。在密爾福之旅，有一天我要越過一座山，當時我僅穿著

一條短褲，在毫無熱身的情況下就開始爬山，結果害得我的膝蓋罷工表示抗議。我明知不該這麼做，但我就是忘了要先熱身。這一次，我的吟遊詩人提醒我：雖然我沒有帶絲襪來，但我帶了一條長內褲，而我也好好地先熱個身，這一次我的膝蓋就沒有找我麻煩。

監視你腦袋的內部

在我們能夠因唱廣告歌而蒙神的祝福之前，宗教領袖早已熟諳以簡單易記的方式將訊息植入人心。在聖經上，如同其他偉大的宗教著作，你可見到的方式有歌謠、詩詞、寓言、弔詭的語句、查檢表、類比、和警語等。幾千年來，有一些已經在數百萬人的身上發揮過功效。如果你想打造一個你專屬的鈴聲系統，這些方式都頗值得參考。

我的學生當中有些人對於開發他們的無意識能夠成功的可能性，始終抱著將信將疑的態度。有個學生若有所思地告訴我：「你有一個不可思議的無意識，可惜我則完全沒有。而我也不記得我曾遇見過任何人有像你這樣的無意識。」當然，如果你沒有無意識的話，還談要如何去開發它，豈不是在浪費時間？但是，有證據可以顯示大多數的人都有。然而，依照無意識的天性，它往往會躲著你，除非你熟悉尋找它的方法。或許你的無意識向你顯現的方式不是歌謠，與我的無意識顯現的方式有所不同，不過，它與你溝通的方式不出說錯話、面部的表情、饒富趣味的短語、雙關語、標語、內心圖像的閃現、肢體語言、無來由地盯著某樣東西、認錯人、或前述現象的組合等。

　　當代的心理學對於如此多樣的解釋是：大腦具有多重的區塊。各個區塊的實質內容和安排方式為何，不同的學派間仍然爭論不休，然而多數的學派都贊同我們會受到所有區塊的影響——左腦、右腦、意識、前意識、潛意識，以及其他。如同科學家一般，心理學家想要找到一個合乎邏輯的答案，然而，一個大腦若會去記「就在戰役的前夕，媽媽」，就不可能被任何人視為是完全合乎邏輯。雖然我會感到有點不好意思，但我不得不承認，我的頭腦是很不合邏輯的，但這是我所擁有的唯一的一個頭腦，而這就是它運作的方式。

　　此外，如果 L'Eggs 公司的經營者肯花上數百萬美金的廣告經費，用在俏皮的廣告詞和討喜易記的音樂的組合上，那麼我和所有其他的人相比也沒有多大的不同了。因此，不必為培養你的無意識而感到害怕。你的朋友若是會因此而來嘲笑你，那麼就讓那些嘲笑勾起你如下的想法：任何自稱其頭腦完全合乎邏輯的人一定是發瘋了。

7 擴大你的影響力

amplifying your impact

每個人只能看到整體的一部分，卻把一部分當成整體。

——教導盲人

在我辦的一次研討會中，卡瑪告訴我一個她自己的故事。有一天，她坐在她的辦公室隔間正讀著一本書，書名是《主管人員求生術》。她主管的一位同僚剛好從旁邊經過，看到了書名就對她說：「妳不該看這種書！」

「為什麼不行？」她問。

「因為妳不是做主管的。」

卡瑪一向伶牙俐齒，口才便給，便微笑著用天真的口吻回道，「哦，妳是要我等到一切都太遲了才能看這本書，就像他們當初對待妳的那樣嗎？」

顧問的求生術

雖然表面上本書是寫給顧問看的，但我衷心期盼其他的人不要等到一切都嫌太遲了才來看這本書。即使在遙遠的未來，做顧問的機會對你來說是微乎其微，我希望（加上我的出版商和我銀行裏的戶頭也一樣希望）你能看看這本書。即使你全無可能提供他人顧問的服務，換句話說，你本人目前不是一個顧問，但你極可能有與顧問共事的機會，這也是閱讀本書非常好的理由。

認真說來，「主管求生術」對一個被管的人甚至應該是加倍的有用。看到自己轄下的基層員工在學習有關監督管理方面的知識，任何一個好主管都應該興奮不已。主管在屬下的心目中普遍得不到好評，問題出在大多數的基層員工完全不知道主管到底在幹什麼。他們能看到的只有主管享受到的好處——高薪、私人辦公室、掌握

權力──實際上也是如此，主管若是做得好，他們所做工作的本身基本上別人是看不出來的。同樣的道理也適用在顧問的身上。我的客戶大多很羨慕我，能夠到許多充滿異國情調的地方出差，每晚可住豪華酒店，餐餐可吃高級餐廳，而所得的酬勞也讓他們所領的薪水顯得寒傖。但他們看不到顧問不為人知的一面：為了調整時差而身體失調，因認床而失眠，因飲食過量而消化不良，以及要支付固定的開銷和無薪可領的日子，在在都必須從我的酬勞中扣除。最重要的是，即使他們從頭到尾都和我一起工作，他們還是無法真正看出我到底在幹些什麼。

要一直跑在客戶的前面

在我聽到卡瑪的故事的那場研討會中，賴里也講了一個故事，可以用來解釋我的客戶為什麼無法看出我在做些什麼：

老陸和老柴又相約一同獵熊。當他們正在歇歇腳喝罐啤酒的時候，有一隻熊從灌木叢中竄出，直奔他們而來。老陸和老柴立刻拔腿就逃，但大熊很快就越追越近。「我看我們是跑不過這隻熊了。」老柴喘著大氣說。

「沒有關係，」老陸一陣快馬加鞭跑到老柴的前面，回過頭來大聲地說：「我不用跑得比這隻熊快。」

「為什麼不用？」

「我只要跑得比你快就夠了。」

像老陸一樣，我只要跑得比我的客戶快就夠了。當然，要能做到這一點也很不容易。他們可是每天八小時孜孜矻矻於他們的工作崗位上，而我一年也來不了幾天。若論他們日常的職務，即使我只求能跟上他們的速度，都絕無可能辦到。我做顧問還能僥倖地小有成就所憑藉的，和老陸一樣，就是能站在一個有利的位置上，其間些微的領先所造成的差距誠不可以道里計。

為求成功，我必須**擴大**我的影響力。我要像一位武術大師一樣，以四兩撥千斤的功夫，借用對手的力道以巧力來作工。我若是用對了力量，我的客戶就會經歷到改變，不過，他們很可能完全感覺不到我做了什麼事。

輕輕搖一搖卡住的系統

顧問給人的印象是極其被動。顧問會蒐集客戶機構的資訊，將之提報給客戶，而該機構是否會因此而受到影響，就不是顧問能決定的了。一個顧問若不能促成某些改變的發生，就沒有繼續留用的必要，即使這樣的說法聽起來對顧問很不公平。這樣的說法乍聽之下或許還有些駭人，但是，對一個機構來說，引起輕微的騷亂未嘗不是一件好事，有許多的例子可以證明。

卡死現象

電子系統變得愈來愈複雜，就會開始表現得愈來愈像是一個有生命的系統。比方說，有許多野生動物在實驗室隔離的狀態下，就

無法生育，甚至無法存活。世界上的第一套雷達系統就有點像野生動物：戰爭期間它們的功能一切正常，但是移到了實驗室無菌的環境之後，就毛病百出。在第二次世界大戰之前，人造系統的複雜程度尚未達到需要依賴一個有干擾的環境方能運作正常的程度，但時至今日，我們已然發現，若將任何一個複雜的大型系統置於控制過當且完全可以預測的環境中運作，將會出現卡死的現象。

卡死現象的出現，是一個頗為成功的機構會毀於一旦的諸多原因之一。當一個機構的管理制度日臻完善，日常的運作也會日益順暢，但順暢到了一個程度之後，該機構就會開始出現「卡死不動」的狀況，使得原本可產生利益的功能完全停滯。機構中負責先導性和創新性工作的部門，例如研究、發展、訓練、和程式設計等部門，此現象的為害尤其嚴重。

當某個功能開始出現卡死不動的現象時，若能適時提供來自組織外的某種輕微的搖動（jiggle），或是劇烈的撼動（jolt），都會大有助益。以雷達為例，要解決卡死不動的問題，就是在放置雷達的架子外接上一個不規則震動的產生器，使得造成儀器設備卡死現象的衡定狀態遭到破壞。這樣的震動產生器就叫做搖撼器（jiggler）。

在機構裏，一場天災，比方說火災，通常會帶來鼓舞士氣的效果。罷工，使得管理階層不得不捲起袖子擔負起實際操作者的角色，有時也可產生類似的振奮人心的效果。但是，為化解卡死的現象，機構不必去冒著縱火或勞工群起騷動的風險。還有比較安全的做法，任何一個外來的、不可預期的、但不具危險性的代理人，可以如催化劑般帶給機構必要的jiggle。

搖撼器的角色

固定會有外來的代理人被引進機構內部，這已成為企業經營常態的一部分。新進的員工無疑就是扮演這樣的角色。新進的經理人員亦然。有時，顧問在應付某一問題時，無意間會觸及到問題以外的區域中卡死不動的狀況，而該機構尚不自知。

近年來，電腦和電腦銷售人員兩者皆扮演機構中搖撼器（Jiggler）的角色。在我任職於 IBM 的期間，我自已就在扮演這個角色，經常讓 IBM 的顧客得以從一個與電腦毫無瓜葛的問題中擺脫卡死不動的困境。只是在當時我還無法分辨，做一個 Jiggler 和當電腦的銷售員或技術人員，是風馬牛全不相干的兩種角色。

後來，每當我履行為期一天的演講合約時，會發現其中僅有個小時是花在演講上，而其餘的七個小時全都花在聽人訴說他們的問題。我天生就不是一個單向聽人說話而不做反應的人，於是我會不時地開個玩笑、發出難以置信的驚呼、問些愚蠢的問題、有聽不懂的地方就出聲抱怨。令我頗感意外的是，有許多人向我反應說，我的演講幫他們把問題給解決了。我這才漸漸會意過來，能夠解決問題的，通常不是演講的時候，而是當天在主戲前後不拘形式的自由交談時間。

多年以來，我發現我所做的這種事，還沒有一個眾人一致接受的名稱。最好的名稱可能就是 Jiggler，但是有哪一個正常人會願意為 Jiggler 所提供的服務而付錢呢？ Jiggler 聽起來太像是 Juggler（耍把戲的人），或 Giggler（吃吃笑的人），甚至像 Gigolo（職業舞

男）。因此，在試過各種ⁿ同的名稱之後，我還是採用比較通俗的名稱——「顧問」，雖然在私底下我知道自己是一個 Jiggler。（我的塔羅牌是愚者。）

做為一個 Jiggler，我的工作是發動一件事，引發一些改變，以便最終讓系統擺脫卡死不動的困局。做為一個系統的 Jiggler，我要求自己要與機構中不同層級的人一塊工作。雖然為了讓問題能夠脫離「卡死點」，我本來就要與基層員工和管理階層一起努力，然而我既非精神醫師，也非他們的心腹至交，但這兩個角色都是 Jiggler 要扮演的。

工作量過大造成的卡死現象

要了解一個 Jiggler 該做些什麼，最好的方法或許就是參考幾個實例。有個系統程式設計師抱怨經常會受到應用程式設計師的打擾，以致無法專心做他份內的系統工作。我花了幾個小時坐在系統程式設計師的身旁，觀察他的工作習慣以及他與應用程式設計師間的互動方式。我發現，需要他幫忙的所有問題都牽涉到要判讀 dumps，所謂 dumps 就是列印出來的某段電腦記憶體中的詳細內容。應用程式設計師不知要如何對 dumps 做出正確的判讀，因此一碰到這方面的問題，就得求助於系統程式設計師。

我發現有一個軟體開發工具可將 dumps 重新編排，應用程式設計師即可自行判讀，我就從工具的層面來「搖撼」他們。系統程式設計師很高興有此一解決妙方，不過我知道這個問題可能只是另一個更嚴重問題的表象——機構卡死不動了。於是我用以下的幾個問

題來「搖撼」管理階層：

1. 在這麼大的機構中，是否沒有一個人知道已經有像 dumps 排版程式這樣的公用軟體工具存在於機構裏？
2. 當初竟有這麼多的應用程式設計師都要用到 dumps，對此是否有人會感到訝異？
3. 訓練計畫是否已與實際工作嚴重脫節，以致程式設計師從未受過判讀 dumps 的訓練？

經由思索這類問題，我迫使客戶以「解決問題型組織」的角度重新檢視整個部門。即便如此仍嫌不足。對職業級的 Jiggler 而言，總是可以再多找到一個問題：

4. 機構還能自行提出別的問題嗎？換言之，機構能「搖撼」它自己嗎？

我利用這個問題，促使該機構邁向「預防問題」之路，這要比「解決問題」還要高上一個層次。

溝通的卡死現象

再舉一個例子。有一個專案經理告訴我，她對她轄下的專案小組技術負責人（team leaders）不太放心——他們似乎對專案已陷入大麻煩渾然不知。可是，每當我和他們談到專案時程方面的話題時，我就看到他們的內心充滿了恐懼的一些徵兆。我請專案經理給我半個小時，與這五位技術負責人單獨晤談，然後我請每一個人以

匿名的方式將他們個人對未來時程的預估寫在紙條上。

　　預估的結果要包括專案可如期完成的機率有多少。匿名可免除恐懼心理的作祟。我把這些紙條蒐集起來，發現五組的預估值中最高的是百分之二十！五個人全都知道專案陷入了大麻煩，但是他們都害怕在經理的面前談這件事。

　　利用類似的技巧，我把五個人所預估未來專案完成日期的機率畫成了圖表。等專案經理加入我們的討論時，她也拿出她自己的數字，顯示機率也是一樣。

　　這些專案小組的技術負責人看到他們的經理跟他們一樣悲觀時，溝通之門就打開了，全體技術負責人都承認他們不敢坦然說出自己的意見，因為他們不知道其他的人也有相同的感覺。最後，專案的完成日期重新調整之後，成為一個比較可行的日期，並研擬出確保能達成新訂日期的詳細步驟。此外，還訂出其他的辦法以確保大家往後對此類問題仍保持溝通的順暢。

　　我能夠「搖撼」這條卡死了的溝通管道，原因在於：

1. 我是一個立場中立的人，不會洩露任何人的身分。
2. 我把握了一個技巧，讓人們可以用匿名的方式，放心大膽地表達他們對於時程真正的感受。
3. 我擁有全套的技巧可輔導他人進行精確的溝通。
4. 我熟悉溝通系統是如何在運作，以及如何去建立溝通系統，以避免未來溝通上的阻礙。

製造搖撼的機會

很少有人會聘請我去當 Jiggler。我受邀，有時是去演講，有時是幫某部門作體檢，其餘的則是為某個技術性的問題作顧問。無論如何，總是有搖撼的機會。

一則是，人們總是看不出自己真正的問題出在哪裏，因此，請來的顧問通常會使系統更牢牢地卡死在錯誤的問題上。軟體機構為了要改善其品質，經常會請我去教導軟體人員如何消除程式中的錯誤，而非如何在一開始即防止錯誤的產生。

再則，每當你睜大眼睛、豎起耳朵時，你無法保證你只去接收與檯面上的問題有關的訊息。你也無法保證你只會對與問題有關的事情動刀。我試圖讓客戶都能理解，我的出現極可能會「搖撼」到他們整個的系統。如果這樣的景象會令他們覺得非常可怕，那麼找我來當顧問也不會有什麼好的結局，果真如此的話，通常我會拒絕這份差事。

演講就是一種形式的「搖撼」。一場振奮人心的演講對一個卡死的機構可發揮神奇的效果，但是演講的過程若安排得太過嚴肅，就無法產生「搖撼」的功效。多數演講的安排，都是以對機構較為「安全」的形式來進行的——也就是一切照規矩來安排。讓事情能順利進行本來就是管理階層的職責；問題出在若是管理階層過分成功，會使得原本墨守成規即可順利進行的一件事，也會逐漸演變成依照慣例就會卡死。因此，除了演講之外，我還會試圖製造出一些機會讓「搖撼」得以發生。

　　我不喜歡以演講者或顧問的身分出現，我最滿意的介紹詞是，我只是「從公司外請來的一個普通人，凡是你認為重要的事他都樂於與你討論」。管理階層若是覺得這樣的介紹方式不成體統而難以接受，有的時候，我接受以「演講者」的身分出現，只要我能有許多的機會與聽眾進行不拘形式的顧問活動。而有的時候，我願意以「顧問」的身分出現，只要不讓我顯得太像是管理階層的御用工具，這會有礙我發揮 Jiggler 的功用。

搖撼法則

　　在第二章中提到的「第三次的魔障」，意思是說與一個機構混熟了以後，我會對該機構的行事作風習以為常，而完全被他們思考和解決問題的模式給同化了，若是落入這樣的光景，我就失去做為一個 Jiggler 應可發揮的功效。遇到這樣的情境，我就必須去找我私人的 Jiggler 來幫忙。如果你以「搖撼」他人為職志，有兩大理由你必須有被人「搖撼」的經驗：第一，如此才能讓你脫離被卡死的狀態；第二，如此你才知道那會是怎樣的一種感覺。

　　我自己已多次遭人「搖撼」，因此我對於哪一種「搖撼」的效果最好，可說是頗具心得。這些年來，我愈來愈相信「搖撼」的效果受到一個簡單的法則所主宰：

　　少即是多。

這就是「搖撼法則」，有時亦可稱為「干預第一法則」。

　　多數的時刻，唯一必要的「搖撼」就是針對客戶看待世事的態

度做些小小的改變。然而，對於一個已經卡死不動的系統，我們要如何促成這樣的改變呢？

教導盲人

大象

　　盲人摸象是大家耳熟能詳的故事，說的是一個盲人想要查探出大象的特點：根據最先摸到的部位不同，每個人會得到不同的結論。大象像棵樹、像條蛇、像根繩子、像棟房子、像條毯子、或像支矛，可是沒有一個人能說出大象整體的形象。這個寓言故事讓我聯想到許多我的客戶對他們自己的機構所持的看法。每個人所看到的都僅僅是整體的　部分，卻把那一部分當成了整體。往往，我的工作中最重要的，就是讓客戶認清一個事實：可能還有其他的看法。

　　對於此事，我該如何著手呢？對了，如果要你教導盲人明白大象是什麼，你會怎麼做呢？當然，你可以告訴他們大象的長相如何，這是多數顧問所用的方法。說教並沒有什麼不好，但是，盲眼人和明眼人要相互溝通讓對方了解自己的世界，是件極為困難的事。兩者的經驗截然不同，即使同一個簡單的詞彙所代表的意義也完全不同。「那是規格書中的灰色地帶」，對於這一句簡單的描述，盲眼人會如何解讀呢？

　　同樣的道理也可用於顧問和客戶之間。舉例來說，我的客戶大部分就是無法想像沒有老闆管著你是怎麼回事。偶爾有知道的，也

會想得過分浪漫。反過來看，我雖曾在別人的手下做事，但那是陳年舊事，我已無法體會在一個大型機構中任職代表了什麼意義。

變換你的感受

　　人們能夠用言語做有效的溝通，前提是他們要有共同的經驗。我們可以帶領盲眼人圍繞著大象，要他們按順序去觸摸大象的不同部位，讓所有的人都經歷一下觸摸大象的感覺。一家公司實行輪調的制度，讓員工經歷各個不同的職務和部門，似乎可培養出員工更為開闊的視野。在我進行顧問工作的期間，我經常找機會參觀整個的機構，如果可能的話，我還會請某部門的一位員工帶領我一同參觀下一個部門。帶路的人往往會有這樣的心得，那就是這段預料之外的參觀其他部門的行程，是我停留在他們公司的期間，最有意義的一件事。

　　還有一個方法可得到相同效果的，就是混合式會議，把兩個以上部門的人集合在一起，表面上的理由是可以「節省我的時間」，因為他們是論小時付費的，其實我是想藉此讓他們對整個機構有更多的體認。一旦將各個部門的成員聚集在一個房間，情節的發展會有點像聖經上的故事一般，從亞當和夏娃在伊甸園開始，到啟示錄結束。一路上不時會發生血淚交織的事件，但最後的收穫讓一切的酸甜苦辣都值得。

　　大象和機構有一共同點，那就是兩者都是體型龐大，大到難以完全去體驗整體是什麼。有時，能夠體驗到縮小的模型也大有助益，比方說一個雕刻出來的大象或是一個模擬出來的小型機構，若

能如此，我就可將一隻小象或一個新組成的機構拿給我盲眼的朋友們，供他們研究。此外，不論是大象或機構的變體，都具有體型小及發育快的特性，兩者皆可讓人們經歷到他們轉變為成體（adult）的過程，這樣的經驗必定可產生對成體了解得更為透徹的效果。

這些方法都相當不錯，但是和教導盲眼人認識大象最好的方法相比，還是差上一大截。所謂最好的方法，就是真的治好他們的眼睛。不幸的是，我們很難治癒視覺上的盲目，但是通常我可以治癒客戶知覺上的障礙。為了幫助他們明白事實的真相，雖然我會利用許多的指點說明以及模擬的親身體驗，但是我最偏愛的方法還是打開客戶的心眼，讓他們用嶄新的眼光來看事情。一旦他們的心眼開了，即使他們不再付我顧問費之後很長的一段時間，他們仍能從大象的身上不斷地有新發現。

河馬

「用嶄新的眼光來看」，當然我的意思並不只是用眼睛來看。有一個古老的故事說的是有一個國王想要尋求可將鉛變成黃金的配方。他恐嚇煉金術士說，如果術士找不到這樣的配方的話，就會被處死，於是術士就拿了一套複雜又神奇的步驟給他。國王把這些步驟牢牢記了下來，然後問術士這套配方是否萬無一失。

「當然，」他回答，「除了……」

術士沉吟著，國王命令他道：「除了什麼？」

「哦，也沒什麼啦。那是不可能發生的。」

「什麼事不可能發生？」

「這個嘛，雖然絕對不可能發生，但有一件事會讓這個配方失效。當你執行這些步驟的時候，千萬不能想到河馬。」

變換你的意識

靠著這個高明的手段，術士把失敗的責任推到國王身上，因而保住自己的性命。當我對我的客戶說出下面的這句話，我採用了相同的手段：

「別去管你的腳是否正踩在地板上！」

當你在讀這句話的時候，會發生什麼事呢？你正專心在看本頁內容的那一刻，你會將你身體內在或外在的其他感覺器官都關閉起來；到了下一刻，你的意識開始改變，使得你無法不意識到你的腳正踩在地板上。你愈是想要遵守該項建議，你愈是會違反它。

當我想要讓客戶能更嫻熟地運用非言詞的行為時，我就利用這個方法。我們大多數人對於非言詞的行為都是視而不見的。當我提到它的時候，有許多人甚至完全不知道我在說什麼，正如一個盲眼人聽到大象是灰色的這類描述時，會感到不知所云一般。然而，在客戶對於他們自己的非言詞行為有了幾次親身的體驗後，他們就不會再把非言詞行為的模糊觀念當作是一種純然的抽象概念。

看出內在的行為

我們身處的文化是以說話為主體，這是為什麼我們對一個人的外在行為往往會視而不見。當然，其內在行為就更不注意了。多數

的時刻，我們無法「看見」自己的內在行為，此外，我們幾乎不曾有直接看出別人內在行為的能力。然而，當我們受過訓練之後，就會開始有能力看出他人的內心在想些什麼，以及心裏所想的與表現在外的這兩者之間可能會有天壤之別。

　　我的顧問工作幾乎都是以會議的形式在進行。若能改善客戶開會的效率，就可簡化我的顧問工作，此外，客戶亦可在我離開後仍能享受箇中好處。「隱藏的議程」（hidden agenda）是我用來訓練客戶能夠「看出」他人內心的一項技巧。其方法如下。

　　在會議正式開始前，我先發給每位與會人員一張紙，上面寫著每個人要在會議中達成的一項祕密任務。祕密任務的實例如：

- 極力促使會議中作成的每項決議都記錄下來，並公開展示以便所有的人都能看到。
- 確保每一個人對每一討論事項都有發言的機會。
- 不讓任何個人或派系壟斷整個會議。
- 假裝你尚未準備好要來開會，並在整個會議當中盡量隱瞞這件事不讓其他人發覺。
- 盡一切的手段，使會議達成甲案的決定，但不讓人發覺你的立場是支持那個決定的。

這類有代表性的祕密任務足以說明人們通常在會議中會做的事有哪些，有些任務有正面的效果，有些是負面的，而有些則是中性的。經由旗幟鮮明地扮演起某一角色，演員可以學會「看見」原本所看不出來的行為，或是對一個原本所看到的行為，能夠看出其他不同

的解釋。這種新的視覺能力必然會影響到一個人對日後的會議產生不同的體會。

我經常會利用的兩種祕密任務分別是：

- 假裝緊接在這個會議之後你還要趕著去參加另一個會議。你很想參加那個會議，因此會用一切的手段使這個會議盡快結束。
- 假裝緊接在這個會議之後你還要趕著去參加另一個會議。你很想躲過那個會議，只要這個會議過時仍開不完，你就能如願。用一切的手段使這個會議盡量拖長。

在同一個會議中，我利用這兩件相反的事，使大家都可看出矛盾是如何逐漸地浮現出來。會議快結束時，我會公開宣佈祕密任務的清單，並請所有的與會人員來猜是誰身負了某項任務。幾乎千篇一律，身負「加快會議」任務的人會被大家誤認是「拖延會議」的人。

會產生這樣的結果其原因在於，每一個想要使會議快速進行的做法──比方說打斷別人的發言、使發言程序更有效率、或催促大家早投票決定早好──都會引發衝突，反而使得會議拖得更久。負責拖延會議的人會發現他不需要做任何事：這個工作留給負責「加快」的人去做已綽綽有餘。有了這次的經驗，與會人員學到了一個實實在在的教訓，那就是想要加快會議速度最好的方法，保持緘默足矣。

但更重要的是，與會人員會改變他們該如何去看待會議中每一

個人的表現，並且明瞭一個人的外在行為與其內在意圖往往是完全相反的。他們若能參透這個道理，可謂已朝著能看出他人「內心深處」的目標跨出了一小步。

看出感覺

對於如何看穿別人的想法這件事，即使你已學到了一些東西，但你很可能還是不知道他們真正的感覺是什麼。你甚至連你自己的感覺是什麼都不知道。對顧問而言，能夠看穿感覺要比能夠看穿想法更為重要，但是仍有許多人對感覺視而不見，正如他們對 X 光視而不見一樣。

為了讓人們能夠更了解自己，我經常要求他們將自己的感覺寫在日記上。有時，高達一半以上的人會眼神呆滯，一個字也寫不出來。他們完全不知道在「感覺」這條名目之下該寫些什麼才對。如今，我幫助客戶從下列的感覺開始著手，例如愛、恨、厭惡、愛慕、悲傷、歡喜、憐憫、憤怒、同情、熱、冷、舒適、悲慘、緊張、渴望、沮喪等。我的朋友 Stan Gross 要求他的客戶從五個與感覺有關的字所組成的一份最簡單的清單開始，這五個字還可押韻：sad（悲傷的），bad（不愉快的），mad（生氣的），glad（高興的），scared（害怕的）。

這份由與感覺相關的字所組成的清單，可以幫助人們看穿自己的內心，但是這樣對某些人來說仍嫌不夠。我曾遇過數十個參與此活動的客戶對我說「我什麼感覺都沒有」，到了最後我才發現問題出在他們對於自己的感覺真可說是「睜眼瞎子」。

費了一番工夫之後，我通常可找出一些感覺是他們敢於大膽說出來的。有一個參與此活動的客戶說他沒有任何感覺，勉強要他擠出一個感覺的話，有時他會有些「肉體上的感覺」。這樣的說法，為了某種理由，是較為安全或較有意義的，而且可為發掘出新的感覺提供了一個起始點。這個說法也提供了我一條線索，得以開始與那些自稱沒有任何感覺的人溝通。

我問他們是否會肚子餓或口渴、覺得熱或冷。有任何地方會讓他們感覺些微的疼痛、癢、或是不舒服？如果他們的回答仍是沒有的話，我會帶著他們逐一清查身體的各個部位，從腳趾開始往上查起。如果他們有腳趾在鞋子裏抽筋的感覺，這是個好的開始，我就從這開始著手，但若是一直到了頭頂他們還是找不出任何的部位有感覺，還是難不倒我。此時，我通常可看出這個人是真的被我給搞糊塗了，於是我會改口問他：「你被這整件事給搞糊塗了嗎？」通常他們會以熱切的口吻回答說「是」，於是我繼續問道：「那你是怎麼知道你給搞糊塗了呢？」然後，他們開始領悟到他們是經由某種形式的親身體驗而得知，於是我向他們指出一個事實，如今他們已知道所謂對某一種感覺的感受是怎麼回事——糊塗的感覺。

有能力找到自己的第一個感覺之後，讓人驚訝的是它往往可誘發出一種結果——在一聲「哦！」之後，其他的感覺就源源而來了。倒不是人們聽不懂我問的是什麼，而是他們對自己的感覺視而不見。一旦他們看出來第一個，他們的視覺能力會繼續增強。身為一個顧問，我可以幫助他們鍛鍊這個能力，但即使我離開了，他們也能日漸增強這種理解力，這樣的能力是無人能奪去的。若缺少那

第一次模模糊糊的感覺，還強求他們寫出自己的感覺，就好像在強求盲眼人寫出大象眼睛的顏色一般，毫無意義。

有威力的顧問

如果你不斷地增強你的影響力，你終將成為一個更具威力的顧問。你的顧問風格將會反映出你對自己的責任之艱鉅日益了解，同時你會具有以下的特質：

- 你的責任是去影響人，但唯有在他們向你提出要求之後方可為之。
- 你會盡量讓人減少對你的依賴，而非益發地依賴你。
- 你極力遵守「搖撼法則」：你實際的干涉愈少，你對自己的工作愈滿意。
- 如果你的客戶要求你親自動手幫他們解決問題，你要有說不的能力。
- 你答應客戶的事如果以失敗收場，你要能接受這樣的結果。如果你有幸成功了，成就感最少的做法是，你親自動手替他們解決問題。
- 成就感較大的做法是，你幫助他們解決他們的問題，但幫助的方法是，讓他們將來在沒有你幫助的情況下，仍然能夠獨力解決下一個問題。
- 最有成就感的做法是，幫助他們學會如何事先就預防問題的

發生。

● 你會為自己所成就的事而感到滿意，即使客戶不認為那是你的功勞。

● 你影響他人最完美的方式是，先幫助人們能更清楚地認識他們的世界，然後讓他們自己決定下一步要怎麼做。

● 你做事的方法是，對客戶永遠不吝於流露真正的感覺，不怕討論。

● 你最主要的工具是，只要做真實的你，因此幫助別人最有威力的方法是，先幫助你自己。

　　成為一個有威力的顧問，乍聽之下是眾所嚮往的，但顧問之路隱藏了許多重大的危險。既然幫助別人最有效的方法就是先幫助你自己，典型的顧問往往會一出場就想要施展影響力去影響別人，即使別人並沒有向他們提出要求。一旦你成為一個好顧問，就某種意義來說，你無法回頭。你不能在某些情況下裝作是一個不好的顧問，即使你有心如此。

　　偶爾，我會發覺自己在飛機上喜歡跟鄰座的乘客天南地北聊上一兩個鐘頭。臨下飛機前，鄰座的乘客經常會對我說：「跟你聊天之後，我發現我生命中有許多事將會完全改觀。」我遇到過有陌生人決定要去找婚姻輔導機構、換個工作、改變大學的主修科系、寫信給七年未曾聯絡的父母、修正國際行銷的策略、回絕一份頗為吸引人的工作機會、以及許許多多小的人生改變等，全都是因為幾個小時的聊天。

　　要是在從前，對別人有如此的影響力會讓我感到害怕。當我增強了我的影響力之後，我變成了一個有潛在危險性的傢伙。後來，我體認到是我犯了自我膨脹的毛病。就他人的這些改變而言，我的角色幾乎可說是微不足道的。這些人都瀕臨要做這些改變的邊緣，如果今天沒有我坐在他們的身邊，明天也會有其他人來做我所做的這些事。或者是後天。我，充其量，只是他們的觸發器而已。

　　我深知這樣的模式是對的，因為曾有許多有威力的顧問以相同的方式觸發過我。然而，即使只是做個觸發器也得擔負一定的責任。我們不可以只是隨便在世界上去觸發一些改變，卻不管會帶來什麼樣的結果。否則的話，我們比起二手車商也好不到哪裏去，他們是不為賣出去的車提供售後服務的。

　　最起碼，你需要明瞭何謂改變──如何使之發生、如何使之不發生、如何可恰如其分地促成等。這些主題將會是往後幾章的焦點。

8 能夠控制改變

gaining control of change

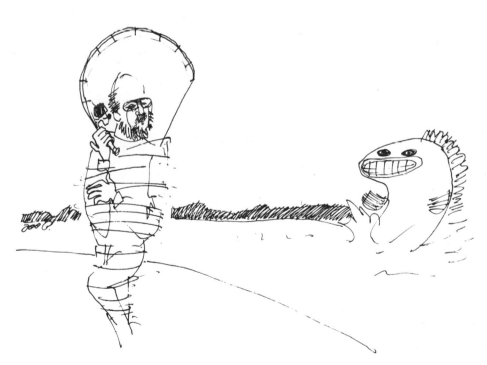

要失去某個東西最好的方法就是拼命地抓緊它。

——羅默法則

我相信顧問的成功之道，在於促使客戶將小的干預加以擴大。但是我身為「溫伯格的雙胞胎法則」的共同發明人，怎能相信有任何改變會發生，更別提改變是單獨由一個人所觸發的呢？

溫伯格法則的顛倒型

這問題之所以發生，是因為人們對「溫伯格的雙胞胎法則」存有普遍的誤解所致。有些人只記得這個法則說：

……不管人們有多麼的努力，不會有任何有意義的事發生。

而忘了這個法則還有前言，完整的說法應該是：

多數的時間，在世界上多數的地方，不管人們有多麼的努力，不會有任何有意義的事發生。

兩者的意義完全不同。

「溫伯格的雙胞胎法則」亦可用別的方式來陳述，以強調其經常受到忽略的那一面。例如，我們可以把它顛倒過來說：

有些時候，在有些地方，有意義的改變會發生——尤其是當人們不很努力地進行改變時。

「溫伯格的雙胞胎法則」並不禁止改變的發生。任何笨蛋在任何地方都可看到改變。每一年，我都會發覺我的褲子更緊、樓梯更陡、書上的字更小了。

　　因為有這麼多的改變都是朝著壞的方向，顧問受聘經常不是為了要改變什麼，而是要讓改變不致發生。「影響力」的意義不一定是對促成改變發生的影響力。實際上，減肥專家、健身專家、和視力專家的數量要比所有其他方面的專家的總和還要多，不管你是哪方面的專家，你絕大多數的時間都會花在抗拒改變這件事上。至少，對一個專家而言，能研究一下「溫伯格的雙胞胎法則」的另一面，將會獲益良多，而那一面即是：改變總是會發生的原因何在，以及為防止改變發生，可以做些什麼。

蒲萊斯考特的醬瓜原理

　　為了讓大家明白如何防止改變發生，我該怎麼做呢？讓我來講個有關蒲萊斯考特的故事，他在鄉下開了一家老式的雜貨店：

　　蒲氏雜貨店可說是誠實的一個典範，蒲萊斯考特本人亦然。他剛打發走來店裏買冷凍豌豆的顧客之後，就坐進放在老式圓胖型暖爐旁的那把木製安樂椅，兩腳擱在鄉下人用的圓木桶上，頭朝著大門的方向前後搖了起來。「冷凍豌豆！在這麼富饒的地方，我要冷凍豌豆做什麼啊！我的店裏已經有七種不同的乾豌豆、四種大小的豌豆罐頭、糖漬豌豆、燻製豌豆、還有世上最好吃的瓶裝豌豆湯。我即使裝了冷凍櫃，也不會拿它來放豌豆，更何況我是絕不會去裝的。」

　　「現在的人似乎很喜歡冷凍豌豆。」我陪著小心說。

　　「現在的人連東西的好壞都分不清楚。那些穿褲子的女人要是

沒有那個電動的勞啥子東西，可能連開個罐頭這樣的小事都不知道該怎麼辦，更甭提能做一道像樣的湯了。」

「話說回來，你的店要是不賣大家想買的東西，那麼生意怎麼做得下去？」

「我要抵抗，這正是我要做的。一家店的經營方式有正確的，也有錯誤的，我才不在乎別人是怎麼說的；舊的方式就是正確的方式。」

「呃，我必須說，沒有任何人做的醬瓜能像蒲氏醬瓜一樣好吃。」

「醃製的方法是個祕密。是我爸爸傳給我的，之前是他的爸爸傳給他的。」

「我並不是想偷學你家醃漬的祕方，不過我想知道該如何來醃漬食物。關於做醬瓜的祕密，方便的話有沒有你可以告訴我的？請用最普通的話來說。」

「呃，可以啊，」老蒲安躺在安樂椅上。「我的祖父曾經對我說過一個頑固的黃瓜的故事。有一次他把一根黃瓜放進圓木桶裏，黃瓜看了看四周其他的黃瓜，為他所看到的景象而感覺噁心。『他媽的，』他咒罵道，『你們這些傢伙在幹什麼啊？難道你們就沒有一點自尊心嗎？一個沒有自尊的黃瓜才會任由自己被醃漬而絲毫不去抵抗。』

「『可是我們又能做什麼呢？』他們問，『你們可以去抵抗，這就是你們該做的。這也是我打算要做的：不讓任何一滴滷水滲進我的皮膚。』

「然後，祖父會停下來，而我總是會問他，『那條頑固的黃瓜後來怎麼樣了？』」

「那他是怎麼回答的？」我問。

「他說，『別傻了，孩子。如果你在滷水裏泡久了，當然就會變成一條醬瓜。』」

或許因為穩定不變是如此受到歡迎，所以改變大多起源於想要在某方面保持穩定。有什麼東西比滷水還穩定，能夠像海水一樣恆久不變呢？又有什麼東西比黃瓜還易於腐爛，一遇到熱、冷、碰撞、乾燥、或千百種的天然打擊就會受到影響的呢？

「蒲萊斯考特的醬瓜原理」不就是「改變第一法則」嗎？

黃瓜被醃漬的程度要大於滷水被黃瓜影響的程度。

我也不願作如是觀。這會破壞我的浪漫憧憬：一個孤軍奮戰的人終將能戰勝「既有的體制」。

我苦苦思索這個問題長達月餘，弄得自己失眠不說，還打擾到不少的朋友。最後我決心再訪老蒲，以弄清他的本意為何。我在店門口徘徊了三次才認出這家店。老式的裝潢消失得無影無蹤，取而代之的是鉻合金和塑膠製的外觀。用手寫的「蒲氏雜貨店」招牌也不知去向，可能被那巨大的霓虹燈招牌給遮住了，上面大剌剌地寫著「蒲氏豪華比薩店」。

進到店裏，連老蒲本人我也幾乎不認識了。有圍兜的寬鬆附肩帶的工作褲、手織的襯衣、玉米穗軸做的煙斗全消失了。鄉下人的招呼方式也不復見。「呃，我們來擊個掌。歡迎小傑貴客光臨，這

個店的新樣子你還喜歡嗎？」

「你的雜貨店怎麼啦？」

「沒人上門。一個禮拜要虧一千塊，不過現在我可以賺到三倍多的錢。冷凍比薩──這才是讓人賺錢的生意。」

「可是要保存老式做生意的方式，這樣的價值觀要如何處置呢？」

「哦，我還是完全贊成那些老式的東西。但是你若是想要繼續開店做生意，就得賣顧客要買的東西。此外，比薩也是有深厚傳統的東西。來，吃一片有豌豆和醬瓜的比薩看看。這可是本店的招牌。」

「謝啦，老蒲，我還有事不能久留。我已經吃了太多的醬瓜。」

打敗滷水

看到老蒲的下場讓我十分沮喪，主要的原因是我心想相同的遭遇也會發生在我的身上。用另一種方式來表達「蒲萊斯考特的醬瓜原理」就成了：

> **小系統想要藉著長期且持續的接觸來改變大系統，最可能的結果就是自己發生改變。**

我是一個小人物，有著大客戶。許多的顧問也是如此，這可以解釋為什麼有那麼多的顧問會被「醃漬」了。人類學家會被本土化。精神病醫師會發瘋。貝爾電話系統曾經是全世界最大的公司，在那裏

工作的人都愛開自己玩笑說他們已變成「貝爾的形狀」，相同的情況會發生在內部員工的身上，也會發生在外聘顧問的身上。

為了避免被醃漬，顧問不得將太多的時間花在同一個客戶的身上。如果無法避免的話，至少你也要挪出一些時間到其他客戶的身上，即使不收錢也無所謂。如果你是一個公司的員工，就不得在同一個職務上待得太久。即使老是換職務或換客戶會讓你難以有好的工作表現，也要忍痛接受。通常改變是既花時間又要有密切的接觸，或兩者之中至少有一項成立，方能成事。因此，最大的挑戰是，即使顧問不在場，要如何讓客戶願意浸入某種滷水之中做長期且密切的接觸。

改變的力量

流浪者法則

因為我是一個外聘的顧問，經常得搭飛機到全國各地，除了飛機上的食物之外，我不太有機會受到什麼東西的醃漬。對了，還有同機鄰座的旅客。記得有一次搭飛機，同行的旅客坐在 C 座，是個牛仔。在 B 座上的是他的吉他。

我心想這把吉他一定價值不菲，才會有自己單獨的座位。後來我才明白原因是什麼。「嗨，我認得你。你就是流浪者（Roamer）李索貝克，民謠歌手。嘿，我好喜歡你的聲音。」

流浪者有些靦腆。「呃，謝謝。不過，那都是靠電子合成的技術。」

「你的謙虛實在令我欽佩，不過，根本上你還是要有天分才行。」

「決心比天分重要。」

「此話怎講？」

「我父親過世的時候，留給我一座私人的農場。他也留給我一筆抵押貸款。我很喜歡那座農場，我唯一愛做的事就是在我的餘生能養養豬、種種玉米什麼的。可是農場的工作賺不到什麼錢，於是我開始在當地的酒館裏唱唱歌，以償還每月的貸款利息。」

「後來你就成名了？」

「沒有，我的確吸引到一些忠實的歌迷，但這尚不足以支應農場的虧損。因此我開始到一些較大的城市去演唱，收入可以多些，但是如此一來，我就不能經常待在家裏，農場自然無法經營得好。後來，收入高到可以有些結餘時，還是全都投進農場的修繕上。」

「我雖然只有五英畝的地，但我知道得花多少錢在上面。」

「呃，我的地有兩百英畝，但我還是覺得不夠。後來有個鄰居去世了，我就逮住機會又買了兩百四十英畝。為了這筆錢，我簽約做七個州的巡迴演唱——就在這個時候我的朋友給我取了『流浪者』的外號。我的本名是喬治。」

「那是多久以前的事啦？」

「讓我想想……有二十五年囉。而我還在流浪。」

「那個農場還是你的嗎？」

「當然啦。現在已超過一千英畝囉，設備可是最現代化的。甚至擁有一個太陽能加熱的養豬舍呢。」

「我打賭當你待在家裏的時候一定能好好地享受一下。」

「其實沒有。」

「沒有？」

「沒有。你也知道嘛，巡迴演唱了一段時間之後，我攢的錢已夠我退休在農場裏養老。我也試過這麼做，但我已習慣了過那浪跡天涯的吟遊詩人般的生活。不到三個月，我又簽約做新的巡迴演唱，從此以後我就一直唱到現在。將來我很可能是死在某地的機場裏。」

「這是我所聽過最悲慘的事了。」

「你為什麼會這麼想呢？我很喜歡我正在做的事。我不再是當初繼承農場的那個人了。」

就在那一刻我領悟到，流浪者已經完全接納了旅行，為的是保存他所最鍾愛的東西：農場。而他後來也被旅行給醃漬了。這使我得到了一個假說，我稱之為「流浪者法則」：

想盡辦法要留在家裏的，反讓你成為流浪者。

居家者法則

後來我發現流浪者的農場也在內布拉斯加州，離我家不遠。他把農場收入的一半撥給他的弟弟法蘭克，做為這些年來管理農場的報酬。那次出差一結束，我就前往「草原之家」去拜訪法蘭克。

「你一定要做到的第一件事就是不要叫我法蘭克，」當我們越過柵門握手的時候他糾正我，「我的朋友都叫我居家者（Homer）。」

「這是你的中間名嗎？」

「不是。有點仿照我哥哥的名字，流浪者。他流浪，我則留在家裏。」

「我想你們兄弟倆都遺傳了令尊對土地的熱愛。」

「其實不然。在我還很小的時候我的父親就過世了，因此我對他沒有什麼記憶。我的成長過程都是穿梭在幾個沒出嫁的姑姑之間，她們分別住在芝加哥、丹佛、紐奧爾良等地。」

「如此來回奔波，你一定很想能安頓下來。」

「其實我很喜歡吉普賽人的生活方式，可是我沒有錢過那樣的日子。當流浪者的農場需要有人來管理時，我們就談定了。當他待在家裏的時候，他要支付我出外旅行的費用，要不然我才不願意來做這份工作呢。」

「那麼你最後去過哪裏？你巡迴了各大城市嗎？」

「沒有，我最遠的行程是跑到維佛立城的消費合作社，然後向南抵達老鷹河岸。」

「你的意思是你自己的親哥哥對你食言，這樣他才能繼續去旅行。」

「不，不，完全不是這樣。他還強迫我多出去走走。我賺的錢足夠我請一個農場管理的好手來幫忙，我就能愛上哪去就上哪去。可是在某種程度上我已經變得有點畏懼這個花花世界。甚至流浪者告訴我說他願意帶我一塊出去旅行。但也不知道為什麼，過了這些年之後，我就是喜歡待在家裏。」

因此，伴隨著「流浪者法則」而來的顯然就是「居家者法則」：

想盡辦法要旅行的，反讓你成為居家者。

促成改變的最大力量

流浪者想要成為一個以家庭為生活中心的人，但是在試圖保留他最珍愛的東西的過程中，卻變成一個四處流浪的人。反之，居家者天生就是吉普賽人的性格，但是在試圖繼續做個吉普賽人的過程中，卻變成一個居家型的人。

在歷次出差的經驗中，我遇到類似的事例有數十次之多。深情的丈夫想盡辦法要抓住妻子的心，但是他的醋勁一發不可收拾，反而把老婆給嚇跑了。孤單的母親想盡辦法要把她心愛的子女留在身邊，但是強烈的佔有欲卻迫使子女離家出走。一家公司想盡辦法要堅守其最為成功的一項產品……而結果卻是使它提早走入歷史。

這些結果都很合理。改變需要有一股強大且持續的力量，還有什麼力量會比不想改變的欲望更為強烈呢？因此，根據「蒲萊斯考特的醃瓜原理」，這樣的欲望才是促成改變發生最可能的原因。

羅默法則

本法則說得非常清楚：

失去一樣東西最好的方法就是想盡辦法要留住它。

我決定將此法則稱為「羅默法則」（Romer's Rule），因為 Romer 是由 Roamer（流浪者）和 Homer（居家者）兩個字融合而成。我把

功勞歸給這兩個人，為的是要提醒自己，同一個法則在一方面使得弟弟留在家裏，而另一方面卻使得哥哥不斷旅行——的確是個威力強大的法則。在準備晚飯的時候，我很驕傲地向丹妮宣佈「羅默法則」，不料我差點被她手中的比目魚打個正著。

「你這個笨蛋，」她笑著說。「那條法則早就有人發表過了，是最有名的古生物學家阿佛列・羅默（Alfred Romer）所發表的。」

「我怎麼會曉得他是何方神聖？」我很不服氣地說。「當人類學教授的人是妳，又不是我。」

每當我指責丹妮是個教授時，她懲罰我的方式就是給我上堂課。這一次，她整堂課都對我揮舞著比目魚，同時告訴我羅默是如何利用這條法則來解釋在化石紀錄中有哪些重大的改變。

「假設在某一情況下，地球上的海洋變得太擁擠，」丹妮解釋道，「原因可能是有新種的魚打敗了舊種的魚，贏得食物的爭奪戰。不管原因為何，可獲取的食物總是有限的，因此能夠獲取額外食物的魚種將會佔優勢。

「再假設，有個魚種以某種方法學會了爬出水面仍能生存幾個月——比方說，憋住呼吸——以便啃食生長在岸邊的植物。在其他魚的眼中看來，這個魚種移居到第四度的空間去了。從該魚種自己的眼光來看，它暫時離開一個適合它的環境，為的是它或許能在那個環境中永遠生存下去。

「換句話說，這種魚離開水面為的是能繼續留在水中。就像流浪者離家去做巡迴公演，為的是能繼續留在家裏。然而，一旦它們跨出了第一步，就像擲出去的骰子，一切已成定局，無法回頭。過

了數千年，甚至數百萬年之後，它們的後代有些最後演化成主要的棲息環境是陸地，而非水中。有些後代則維持兩棲的習性，但多數的後代卻完全無法在水中生活。」

控制小的改變

根據「羅默法則」，幅度最大且持續最久的改變通常源自於想要保留某樣東西，但是那樣東西到了最後改變的卻最多。當顧問試圖要改變一個大型系統時，不妨將「羅默法則」的威力發揮到淋漓盡致，但是如果聘請顧問的目的是為了要保留一樣珍貴的東西的話，又該怎麼辦呢？或許我們最好能拿一個典型的逐漸改變的案例來徹底檢視一下，方能了解為什麼原本良善的初衷到頭來竟會變成完全不是那麼一回事。

不造成差異的改變

在馬克安德魯下士的阿肯色州燉負鼠肉股份有限公司的最高主管辦公室裏，哈樂德·賀斯特正忙著討論顧客對公司產品所做的建議，以便做出最後的裁示，該公司的主要產品是負鼠肉餡餅。此刻，哈樂德正在聽取一個既年輕又聰明的烹飪科學家鍾斯所提的一個高明的省錢新妙方。鍾斯停下來用一種滿懷期盼的眼神看著他，哈樂德知道該是他回答的時候了：「這會替公司省下多少錢呢？」他盡本分地問道。

鍾斯早已準備好相關的數字。「每個負鼠肉餡餅約可省下百分

之一分錢。我們每年可賣出一百億個負鼠肉餡餅，因此每年可節省的總金額高達一百萬美元！」

　　無疑鍾斯著手這個創新案已超過一年，現在只等哈樂德點頭就可實現他的創舉。「那的確是一筆可觀的金額，」哈樂德說，「但是我還必須要考量我們所敬愛的創始人，馬克安德魯下士，傳給我們的這『不容玷污的信譽』。你不會去改變他的祕密配方吧，公司完全就是靠它才有今天的成就，你會嗎？」

　　「哦，絕對不會，」鍾斯嚇得連聲回答，並且很有自信地輕敲著他那份有藍色封面的報告。「這裏有過去六個月來所做的市場分析，明確顯示出這一套可省錢的修正配方在顧客對負鼠肉餡餅的感受和接受度上絕對不會造成任何差別。即使一個最挑剔的顧客，也分辨不出新配方與我們目前的製作方式之間有何差異。即使是馬克安德魯下士本人，願他永遠安息，也無法察覺出有任何的不同之處。」

　　「如此的話，」哈樂德說，邊笑邊站起身來，「你做得非常好。把報告留給我，如果它能證實你所說的，我們會在下次產品做改進的時候推出這個新配方。」

　　當鍾斯在舖了地毯的走道上繞過轉角處後，哈樂德發現他的午餐時間可多個十五分鐘。「太好了，」他心想，抓起外套，走向最高主管的專用出口。「我有足夠的時間可以到艾爾‧但丁去用餐──可以吃到真正道地的食物。任何味蕾正常的人怎麼會願意把那些油膩不堪的負鼠肉餡餅放進自己的嘴裏？我們靠著如此倒人胃口的食物居然也能建立起這麼龐大的企業，真不知走的是什麼狗屎

運？」說真的，這到底是怎麼一回事？會不會哈樂德・賀斯特和整個的阿肯色州燉負鼠肉股份有限公司兩者都犯了「速食業的謬誤」？

速食業的謬誤

「速食業的謬誤」要能成立，必須有兩個邏輯上的先決條件：第一，必須具備重複性（不計其數地提供某種標準的產品或服務）；第二，必須具備中央集權化（所提供的標準產品或服務其成本由中央負責）。

因為具重複性，在單一物品上所節省的少量金額，可以在所有物品加總之後帶來大量金額的節省。但是若沒有中央集權化，該項節省的金額絕無可能在某一區域內累積達到一個可造成差別的數量。當這兩項因素同時發生時，機構將無可避免地會屈從於要有所改變的誘惑，以期可省下巨額的成本，但所做的改變不致使產品（與改變之前相較）會有任何的差異。

既然已經用測試證明了從未造成產品有任何的差異，那麼為什麼這樣的做法還會出問題呢？此做法的問題出在它是系統化思考者（systems thinker）所謂的「合成式的荒謬推論」中的一個特例，也就是「沒有差異加上沒有差異等於沒有差異」的想法。

假設鍾斯的想法是要把負鼠肉餡餅中香芹籽的數量由一百顆減為九十九顆。在人們流著口水急著要大咬一口油滋滋的負鼠肉時，當然沒有人會去注意這微不足道的差異。而且要是鍾斯接著又想出另一個新點子，要把香芹籽的數量從九十九顆減到九十八顆，這麼

做仍然不會造成問題。但是在一個大型的機構中，類似的過程發生不只一次。有那麼多那麼聰明的研究人員，每一個人都想到要減少一顆香芹籽，以致我們不知道這一切會在何處停止。我們不知道到底這樣的過程會在何時開始造成些微的差異，但是在一百顆香芹籽和零顆香芹籽之間的某一點開始，我們會破壞了馬克安德魯下士那不容玷污的信譽。

雖然要認出「速食業的謬誤」是一件很容易的事，只要見到以一百顆或零顆香芹籽的形式為包裝的問題即屬此類，哈樂德‧賀斯特在總部辦公室裏所面對的抉擇絕非如此簡單。他要面對的抉擇可能是這裏幾顆香芹籽、那裏幾粒鹽、別的某個地方百萬分之一公克的負鼠軟骨，以及在熱油中十分之一秒的煎炸。然而，到頭來仍然逃不出「速食業的謬誤」的魔掌，原因是：

> 沒有差異加上沒有差異加上沒有差異加上……最後等於明顯的差異。

強大且永不止息的力量

馬克安德魯下士，熟諳「一點點」（a penny）的正反兩面，且能把它說得更加生動：

> 積少成多，但積多卻成一堆垃圾。

下士深諳省錢之道，並將拼命省錢的精神遺留給他一手創設的公司。但是他對餡餅的原始調製法也有一種「不理性」的堅持，如此

可保護他的負鼠肉餡餅不致遭到「速食業的謬誤」的毒手而一步一步走向死亡。

下士堅持他的調製法，當初看來可能不太理性，但是這份執著所帶來的效果卻使一切都變得極其合理。「蒲萊斯考特的醬瓜原理」是一把雙面刃。毫不妥協地堅守下士的配方，其功效正如滷水一般，使整個公司都沉浸於其中，當面臨成千上萬的誘惑想要做些「微不足道」的改變時，產品的品質才得以保存。

在改變的過程中欲保有堅定不移的信念，必須存在某種強大且永不止息的力量。在許多成功的公司裏，這股力量來自其作風強悍、有領袖魅力的創辦人，如馬克安德魯下士。當公司成長到一定的規模後，一個人的力量再大也難以支撐，就會出現下面兩種情況之一：要嘛公司失去了強制的力量，產品的品質改變；要嘛創辦人被神格化，成為公司文化中信仰的象徵。而一個信仰的象徵，雖然不太理性，卻能形成一股強大且永不止息的力量。

一股力量若僅止於強大且永不止息，不見得是個好現象。「流浪者法則」告訴我們有許多的公司、國家、種族、以及個體之所以會淪亡，原因都出在他們緊抓著錯誤的東西不放。下士的繼承人，哈樂德‧賀斯特，雖完全不懂「流浪者法則」，卻充分實踐了他自己所發明的「賀斯特型變種」：

幅度最大且持續最久的改變，其初衷通常是為了想要保存某樣東西，但到頭來那樣東西卻改變得最多。

哈樂德是一個精明幹練、「有理性」的生意人。他明瞭在「今日這

個高度競爭的商業化社會」中，機構賴以生存的關鍵，就是下士所遺留下來的那股強大且永不止息的「省一分錢是一分錢」的信念。但他一直沒能搞懂，扼殺公司生機的，正是他本人在減少花費以維持利潤上的種種努力——一次省下一分錢，問題出在他對於餡餅原始調製法上永不止息的堅持，遠遠不及下士。

福特的基本回饋配方

為避免「速食業的謬誤」，所必要的強大且永不止息的力量並不必然來自於權力大且毫不妥協的個人。世上像馬克安德魯下士這樣的人算是一個特例，而絕大多數的人，如蒲萊斯考特者流，則都屬意志過於薄弱，無法抗拒循成本會計的邏輯而產生的誘惑。然而，有一替代的辦法可供顧問運用，以避免有計畫的改變不致一次一小步地日趨敗壞。

雖然哈樂德對小餡餅為什麼會變得這麼難吃或許仍然不知所以，但就他所知的已足以讓他選擇要到附近的義大利餐廳去吃晚餐。大型機構可透過複雜的研究以找出哪些地方已開始敗壞，然而，一般人仍然要靠他們的鼻子。正因為如此，環境污染的問題，永遠是企業的數據蒐集人員與一般大眾間爭論不休的問題。

多數環境污染的事件都符合「速食業的謬誤」所需的先決條件：大規模的重複性，再加上中央集權式的成本會計部門。從事工業生產的工廠在改善廢水處理效能的工作上，一點一點地改變——放寬污染的標準，每一次的改變都不會對所排放的廢水造成「任何可察覺的差異」。到了最後，即使工程師能以數據證明工廠的廢水

絕無污染，然而居住在工廠下游的居民用鼻子就可聞出其中的差別。

　　據傳亨利・福特曾經接受國會的訪問，談到有關如何防止工廠造成河川污染的問題。福特對於國會正在考慮的各項複雜的法令嗤之以鼻，並另外提出僅僅一條法規，即可「一勞永逸地終結河川的污染」。國會並未通過這條法規，但其中有兩個部分值得注意：

1. **人人可從任何河川汲取任何數量的水，用於他所想從事的任何目的。**
2. **人人必須在取水點的上游歸還等量的水。**

換句話說，人人可隨意處置所取得的水，但是他必須要承擔自己所造成的後果。

　　我稱此原則為「福特的基本回饋配方」，它為什麼可用以防止在不知不覺中惡化的污染呢？其原因有二：

1. 它是強大的，要是沒有水的話，工業的製程就無法運作。
2. 它是永不止息的，因為經由法律的手段將之與製程所必須的輸入條件綁在一起，即使片刻的稍事鬆綁亦不容許。

如果哈樂德・賀斯特以及該公司所有研究人員的任職條件是，強迫他們非得吃負鼠肉餡餅不可，那麼「速食店的謬誤」將永遠成不了氣候。

　　尋求保持品質之道的顧問，當務之急乃在確保負責品質的那個人實際所站的位置是在品質的下游。所作所為惹人厭惡的人通常對

於他們的行為都毫不自知。只要讓某個人看到錄影帶上的自己，通常即可在一瞬間矯正他的問題。在人們從沒有機會去享受一下自己所提供服務的場所，通常就是麻木不仁的官僚作風猖獗的所在，例如社會福利機構和失業輔導機構。在自己接受過一次外科手術之後，通常會讓一個素來冷酷無情的外科醫生痛改前非。

因此，下次當你想要找家餐廳吃飯的時候，先看看餐廳的老闆自己會不會在那兒用餐，如果答案是肯定的，或許那裏的菜仍然不會令你滿意，但如果答案是否定的，那裏的菜就不會令任何人滿意了。

溫伯格測驗法

顧問不站在任何人的下游。這使得顧問在為客戶制定改變的辦法時，很難讓人相信他們會為自己的所作所為負責。客戶會認為顧問都受到保護，不致被自己的建議所產生的不良後果而牽累，這是為什麼顧問常常會淪為令人捧腹的笑話中遭人嘲諷的對象。這些笑話把顧問放在與教授相同的等級。如果一個學生通過了考試，教授會宣稱那是因為自己的課教得好。但是，如果學生沒能考過，他們就推稱那是因為學生太笨。無論如何，教授總是覺得自己沒有錯，這樣的心態會使得想要維持一套好的教學課程，成為一件難事。多數的大學解決這個問題的辦法是禁止對教授教學品質的好壞做任何形式的評鑑。

績效評鑑

有一次我參加在瑞士滑雪聖地 Davos 舉行的電腦研討會，聽到一場由三位教授共同主持的專題座談會，討論的主題是有關計算機科學的教育問題。他們分別提出三種不同的教學方案後，主持人徵詢與會人士的意見。有個人問道：「你們要如何來評鑑自己教學課程的好壞？」

沒有針對問題的回答，只有清喉嚨聲、咳痰聲、咕噥聲、支吾聲。聽眾席上起了騷動，有人開始喝倒采，批評大學教育的適用性以及三位教授的心智能力。最後，有一位主持人向聽眾叫陣，要他們提出一套他們自己的評鑑方式。四下一看無人願意冒險，我毅然接下這個挑戰。

「試想一下，」我說，「若是在研討會結束之後，你要搭火車到蘇黎世轉飛機回家。你坐上了飛機而機門也已經關上，這時你聽到擴音器中傳出一種人工合成的聲音，高聲地做出如下的宣告：

親愛的旅客：今天，你們參加了一件歷史性的盛事，這是一次全自動商業飛行的首航。從此刻開始，直到你們到達目的地走出機門為止，這架飛機將完全由微電腦來控制。飛機上沒有任何真人的機師或副機師，但是你們不必為安全擔心，控制飛機的電腦程式是來自通過了某某大學計算機科學研究所博士論文的專題研究案。祝大家一路順風！

「對於你的教學課程最真實的考驗，」我繼續說道，「就是在

那一刻你會作何感想？」

　　顯然，在主談人座位上的幾位教授都不認為我所提的測驗方法對他們有什麼幫助，但是聽眾席上卻發出了哄堂大笑。主席試圖要恢復秩序，但是在主談人把我的測驗方法當作是一種荒唐的說法之後，聽眾們似乎對他們說些什麼已完全不感興趣。至於我自己，則感到非常沮喪，因為我自認為這個測試方法是一套很嚴謹的標準，是我所能想像出來最嚴謹的一個標準了。

　　人群散了以後，有一個身材矮小、滿頭白髮、蓄著山羊鬍、穿著三件式西裝的男子走到我的身邊。他用帶著德國腔的英語對我說：「溫伯格教授，我很喜歡你的測驗方法。不像座談會上的那些主談人，我相信那是一個嚴謹的測驗法，而且我想告訴你，這套方法能夠很準確地評鑑出我自己的教學課程如何。」

　　我很高興能有人把我的話當回事，於是我問道：「那麼，當你聽到那樣的宣告，你會作何感想？」

　　他的回答讓我大吃一驚。「哦，我一點都不擔心。我對我的安全有十足的信心。」

　　「真的嗎？你的程式有那麼好嗎？」

　　「完全不是如此，」他回答，眼睛突然一亮。「這套系統如果是我的學生寫的話，飛機會連引擎都發不動。」

把你的錢放在……

　　多年來每當有人問我要如何評量風險，就會讓我想起這位留著山羊鬍的教授。雖然有許多種的測驗法可供我們採用，看來「溫伯

格測驗法」在所有可行的測驗法架構中佔有極重要的地位。簡言之，「溫伯格測驗法」在問的是：

你願意把自己的性命交到這個系統的手上嗎？

並非所有的系統都需要通過如此嚴格的考驗，因此我另外訂出一個要求比較寬鬆的「溫伯格測驗法」，例如：

你願意拿你的右手臂當賭注嗎？

你願意拿你的左手掌當賭注嗎？

你願意拿你一生的積蓄當賭注嗎？

你願意拿你一個月的薪水當賭注嗎？

你願意拿你自己的十塊錢當賭注嗎？

我用十塊錢的測驗法去跟號稱自己的程式沒有 bug 的那些程式設計師打賭，已不下數百次。每一百次中有九十五次，程式設計師會打退堂鼓，不敢拿十塊錢來跟我賭，在一個合理的時間內我找不到一個 bug 。而一百次中的其餘五次，我賺到了十塊錢。

　　若是拿別人的錢來打賭，要信心滿滿毫不困難。「溫伯格測驗法」的基本原則在於要求原告要拿出私人的東西來當賭注，而非只是胡謅一些不著邊際的空話。身為顧問的我們，要以身作則努力地實踐「福特的基本回饋配方」，至少在觀念上要如此。以通俗一點的話來說，「溫伯格測驗法」亦可稱為「你怎麼勸告別人就先自己照做」。

　　當身為顧問的我們建議別人要有所改變時，我們應當要做的第

一件事，就是決定我們所設計出來的「溫伯格測驗法」要嚴格到什麼樣的程度，然後，老實地說出若換作你是當事人，你自己會有怎麼樣的感覺。輸贏若是攸關到自己的小命，那麼最起碼我們自己是否覺得安全。輸贏若是牽涉到金錢，那麼我們必須把它當作輸了就要從自己的荷包裏掏錢。

在工程的領域，要犧牲掉許多人的生命才有足夠的誘因來改善當代工藝的技術。船會沉、橋樑會崩塌、建築物會失火、飛機會墜機、蒸氣引擎會爆炸。還要犧牲掉多少人的性命，顧問才學得會第一次就要把事情做對呢？

我希望我們不致犧牲任何人的生命。但是，談到其他方面的犧牲——比方說時間上、金錢上、或生活的舒適上，我們又該抱持什麼樣的態度呢？當後果不直接牽涉到人的生死時，我們就不太會把它當作自己的事來辦。或許，「溫伯格測驗法」除了生命之外還可以挽救更多的東西。或許，它能挽救我們的工作、我們的名譽、甚至我們的自尊。

9 如何可以既改變又不受傷害

how to make changes safely

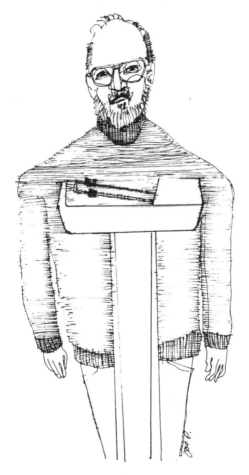

那看來或許像是個危機，其實只不過是一個幻覺的結束。

——隆達的第一個天啟

溫士頓・邱吉爾曾說，他覺得很幸運自己在年輕的時候不是一個激進分子，因此在臨老時才不致變成一個保守分子。當人們的年歲漸增，就能領悟改變到底是怎麼回事，而這會讓他們很容易感到氣餒。

讓我沒有變成一個保守分子的主因，是我當了顧問，扮演改變的助產士的角色，就可賺取豐厚的收入。一個生意興隆的助產士不愁沒有人上門，原因只有一個——多數的生產都會伴隨著許多併發症。其實，正是因為併發症，助產士才會變得富有。因此，改變之路上的諸多挫折並不會讓我感到氣餒，反而促使我轉而研究要如何去降低伴隨改變而來的風險，就像一個助產士要學會如何去降低伴隨分娩而來的風險一般。

潘朵拉的水痘

當我們在操弄改變的時候，會面臨到許多的風險，吃藥就是一個好例子。從前，我有關節炎的毛病，醫生開給我的處方是一些藥丸。它們雖可止痛，卻也會讓我的胃不舒服。第二種處方不會讓胃不舒服，但卻止不了痛。我想那位醫生，就像所有的顧問一樣，應該可在第三次的嘗試上做得最好，所以我還是去找他再幫我開藥。我的想法沒錯。我的胃像一堆積雪般平靜，而且在那年冬天最冷的一個清晨裏，我的關節還是讓我安睡。

我想躲在電毯裏多享受一下溫暖的感覺，突然間聽到廚房傳來有人猛然關上碗櫃門的聲音。我醒了過來，正揉著眼睛的同時，發

覺自己渾身是汗，而且全身奇癢無比。

我的水痘

　　丹妮走到床邊從上面瞪著我。「怎麼啦？」我問道，暫時拋開我自己的不舒服。

　　「第一件事，那個新買的數位鬧鐘今天早上沒響，害我遲了一個小時才起床。」

　　「真慘，」我同情地說，「不過你只要喝杯咖啡，世界就會變得美好起來。」

　　「這是第二件事。那個新買的研磨、烹煮二機一體的煮咖啡機嘎的一聲就不動了。研磨的刀片跟濾網纏在一起，害我的咖啡裏有一大堆的金屬碎片。」

　　「就這些事了嗎？」

　　「這已經夠我煩了，現在又加上你在這兒鬼叫。你自己的問題你自己不會解決嗎？都幾十歲的人了！」

　　「我也不知道是怎麼了。把燈打開，看看我的皮膚。」

　　「我的天哪！你的臉！」

　　「不只是我的臉。還有我全身……可能只有腳底板沒事。我看不到我的腳底。一定是我新拿的關節炎藥……」

　　「那種不會讓你的胃不舒服的藥？」

　　「它不會讓我胃不舒服。」

　　「如果你看到你的臉，它就會。」

　　「你幫我聯絡一下醫生好嗎？這個病不知道會不會有什麼危

險。我先去看看煮咖啡機。」

那台咖啡機已經完蛋了。我正在找即溶咖啡時，丹妮從大門拿報紙回來。「她要你立刻到醫院的急診室去，」忽然又想到了什麼，她高興地加了一句，「說不定他們那兒會有咖啡。」

我發燒得厲害不能開車，因此在我換衣服的時候，丹妮先出去發動她的車子。我正試著把我腫脹的腳勉強塞進鞋子裏的時候，她回來又宣佈一件壞消息：「我的電池死了。我想這可能跟為了錄音機而換的那個新的電池充電器有關！」

全身癢得更厲害了。我開始失去耐性。「別管它了。我們開我的車去。」

「不行。你的車也發不動。」

「它一定可以發得動。它可是全新的車。」

「它是全新的沒錯，但是我想柴油一定都結冰了。外面的氣溫很低。」

幸虧有汽車聯誼會的幫忙，我們在兩個小時之後趕到了急診室。幸運的是我沒遇上什麼攸關生死的重病，因為在我看到醫生之前又耗掉了我兩個鐘頭。

醫生好不容易才出現，她滿懷歉意。看來會拖這麼久的原因是醫院在急診室剛裝了一套全新電腦控制的醫事人員排班程序。「顯然還有一些 bug。我希望你沒受到太多的折磨。」

新事物法則

其實我充分利用了這次所受到的折磨。在丹妮出門上班的時

候，我一邊抓癢，一邊回想這些紛至沓來的苦惱。「這其中必有緣故。」當我剝掉另外一塊乾皮的時候，我告訴我自己。「有太多的事同時出問題，絕非巧合。這一切的災難可有什麼共通之處呢？」

於是我停止抓癢，拿起一支筆，沒多久我就開出如下的清單：

新的數位鬧鐘進入冬眠。

新的咖啡機把自己切成金屬碎片。

新的藥物引發第三級的搔癢和發燒。

新的電池充電器耗盡了汽車電池的電力。

新的柴油汽車無法發動，原因是柴油變成了果凍。

我一時還沒能看出它們彼此間有何關聯，但是當醫生為醫院的新電腦而道歉的那一刹那，我想通了。要不是因為發燒害得我頭腦不清的話，我早就可以看出其中的蹊蹺：

從來沒有哪個新的事物會讓人稱心如意的。

幾天以後，發癢的症狀消失了，可是這條法則卻留了下來。我看到的每一處地方，我聽到的每一個故事，在在都是這條法則的明證。新養的小狗會去咬浴室裏的踏腳墊。銀行的新對帳通知系統會從我的存款帳戶中偷走六千美金。新的戰鬥機在第一次飛越赤道時會機腹朝上。美式足球場上新的防守陣勢會失靈，讓對手在比賽結束前四十七秒達陣而逆轉獲勝。

我想給這條驚人的法則取名為「新事物法則」，不料當我將我的發現告訴丹妮後，她只是打個哈欠並且轉開話題。我堅持要繼續

談下去，她糾正我說：「寫這樣的話毫無意義。人人都知道從來沒有哪個新的事物會讓人稱心如意的。」

「那麼為什麼『人人』都沉迷於要將每一樣事物都改變成新的呢？」

「如果你能回答這一個問題，就值得你一寫了。」

潘朵拉：改變的原型意象

我翻箱倒櫃找出我所有有關歷史的書。不論是多久以前的歷史，似乎人們都已知道凡是新的事物都會問題叢生的道理。然而人們還是渴望新的事物。然後，我找到萬物的開端——希臘神話——也找到可解開謎團的鑰匙。

我們都知道普洛米修斯（他的名字在希臘文中的意思是「有卜先知能力的人」）從諸神那兒偷來火種。宙斯大發雷霆，施展魔法召來最新的人類痛苦之源——用泥和水做成的一個有生命的洋娃娃、一個美得令人神魂顛倒的純潔少女。潘朵拉，這個活生生的美女，被宙斯當成禮物送給了普洛米修斯的弟弟，易碧米修斯（「有事後反省能力的人」）。

雖然普洛米修斯警告過他，易碧米修斯還是無法抗拒這個新玩具的誘惑，並且將潘朵拉當成一個人來對待。隨著潘朵拉一起送來的還有一個大瓶子（不像現在的各種版本上所說的「一個盒子」），裏面裝的全是諸神所能想像出來的各種身心上的痛苦。當她因為好奇打開了瓶蓋，這些痛苦之源就被釋放出來，進到我們的身體，因此她成為所有改變的原型意象[1]（archetype）。

最大的痛苦

大家所熟知的故事就講到這裏。但有個尾巴還沒說完，唯一還困在瓶子裏的是最大的痛苦之源。很不幸的，它也在第二次偷看的時候被釋放出來，要是沒有這個苦難在世上作祟，說不定我們早就學會潘朵拉的教訓了。

這個被困在瓶子裏最後才放出來的苦難就是希望。只要還有一絲希望，人們就會犯相同的錯誤，一而再，再而三，沒完沒了。

這可真的是個偉大的發現：

從來沒有哪個新的事物會讓人稱心如意的，但人們卻總是希望這一次會有所不同。

此法則當然值得把它當作一個觸發器專門取個名字，而還有哪個名字能夠比「潘朵拉的水痘」更恰當的呢？「潘朵拉的盒子」裏放的東西比較可怕，會使我們對每一個新的什麼玩意兒都燃起難以抑制的渴望。而「潘朵拉的水痘」所談的則是我們主觀的一種「希望」。

經得起失敗

「潘朵拉的水痘」是性病的一種，由商人所傳播。它與多數的

---

1 譯註： archetype 指人類精神深處對祖先經驗的依戀，這種依戀存在於容格（C.G. Jung）所謂的集體無意識（collective unconscious）之中。

性病一樣，只會在某個階層的人之間流傳。是否能有醫學上的突破以根除「潘朵拉的水痘」，我們不可抱任何的希望。你也知道，從來沒有哪次的突破會讓人稱心如意的，不過每流行一種新的時尚你的客戶似乎都很熱中。不要抗拒改變，較聰明的做法是學習如何與改變共處。或者，學習靠改變為生。

莊家的抉擇

若是商人們不斷地下工夫，你的客戶必然會聽信他們的花言巧語，因此你何不也順應潮流。就像我的好友福特常說的一句話：

相信每個人，但要切一下牌。

或者，就眼前的例子來說：

只要他們喜歡就讓他們試試看，但要先教會他們如何保護自己。

我稱此原則為「莊家的抉擇」，因為你做為一個顧問就要負責發牌。既然你的客戶一定會下場去賭一把，你就可趁洗牌時動動手腳為他們做付好牌，也就是說在他們拿到一付新牌時，先幫他們佈置好一系列的防禦工事。

接受失敗

第一道防禦工事是要有個心理準備，新系統難免會失敗，而失敗的方式可能有好幾種。一旦我發覺自己心存「我經不起任何失

敗,因此我非得做此改變不可」的想法,那麼我就註定會有大麻煩了。如果我連些微的失敗都經不起,那麼即使有新系統來助陣也沒多大用處。至於舊系統,那就更別提了。

一旦我有失敗是難免的心理準備,我的下一道防禦工事就是問自己下一個問題:「為什麼我會覺得即使是些微的失敗我也承受不起?」新買的鬧鐘就是一個很好的例子。你是否曾經為了一件很重要的事,因擔心鬧鐘到時能不能叫醒你而失眠呢?

以改善取代完善

還有什麼事要比睡過了頭更糟的呢?那就是睡不著。這引起我可當作防禦工事的下一個問題:「如果新系統可能不完美,我要如何加以利用,使它比現有的系統更好呢?」改善要比完善容易,就像中國人說的:「善的敵人就是至善」。

比方說,我可以拿我的新鬧鐘來加強舊鬧鐘的功能。有了兩個鬧鐘,我準時起床的機會便大增——至少不會降低。

運用三的定律

再下一道防禦工事是你用三十秒來想一想,這個更能充分發揮該系統功效的方法,有哪些情況會造成失靈。運用「三的定律」,可能還無法讓我周全地想出所有會造成失敗的原因,但總是可讓我想出幾個重大的原因,否則的話,我必然會疏忽掉。

用一個新鬧鐘可能會有許多可能的狀況,你能想到的又有幾種呢?茲提供我的三十秒清單供大家參考:

1. 停電

2. 電池裝錯了

3. 鬧鈴的時間設錯了，原因是不熟悉設定的步驟

4. 電源插頭被拔掉，原因是電源線與其他的電器類似

5. 雖然鬧鐘鈴聲大作，但你卻不知道這就是鬧鈴聲

6. 看錯時間，又繼續呼呼大睡

7. 丹妮先被吵醒，於是她隨手切掉鬧鈴聲

如果我堅持那不切實際的幻想，抱著新鬧鐘絕不會出錯的想法，那麼我就不會去想到這些有可能發生的意外。幸好，這些意外都輕易即可預防，只要我肯多加上一套備援系統。

發明一套備援的做法

接下來的這道防禦工事是發明一套備援（backup）的做法。以鬧鐘為備援的做法很簡單：多準備一個鬧鐘。但這不是唯一可行的做法。你只要稍微多動點腦筋，就可以將失敗的經驗化為備援的做法。

對新的鬧鐘不熟悉就是一個好例子。我可以事先告訴丹妮，我將要用新鬧鐘，並且需要她幫我一起留意新的鬧鈴聲。如此一來，不但可以幫我防堵了清單上的第五、六、七點，第二、三、四點也一併解決。如果丹妮醒來時發現我還在那呼呼大睡，她大可把我叫醒。以人為主的備援系統其應變能力會更好。

丹妮新買的那台煮咖啡機，可以即溶咖啡當作備援。即溶咖啡

雖無法像現磨現煮的一樣香醇，但總比白開水要好喝得多。

預防性的藥物

　　備援的系統雖可當作最後的一道防禦工事，但它也有失靈的時候。丹妮那輛車的電池死掉的那一天，我那輛車的柴油也同時結了冰。兩件意外的發生都跟系統太新了有關。我即使經得起一個新系統出狀況的打擊，但兩個系統同時出狀況，就令我招架不住了。

艾索的命令

　　說到汽車銷售的失敗，就會想到福特汽車公司的艾索（Edsel）型汽車，這是五〇年代福特所推出最大的烏龍車。當時我在福特擔任艾索車種開發工作的顧問，這使我成為「潘朵拉的水痘」方面頗具知名度的權威。即便如此，二十五年來我對此事絕口不提，因為我對艾索汽車的問題到底出在哪裏一直都沒能真正搞懂。直到最近，福特又開始推動「更好的點子」活動，於是我重新考慮是否要改變我的立場。

　　就我記憶所及，艾索車種算是一大成功。我們在上面裝了幾個了不得的新電腦系統，而這些系統後來也被整個汽車業所採用。即使艾索的銷售成績不佳，當時我們想出來的不少點子事後證明都是對的。這些年來，與許多參與艾索專案的人閒話當年之後，我發現他們全都與我有同感。他們之所以會參與艾索專案，是因為他們懷著能推出某種新東西的夢想——福特又推出一個「更好的點子」。

　　事後證明，艾索專案是一九五〇年代的福特公司處理所有好點子的標準作風。顧問和其他想出新點子的熱心員工對公司現有的秩序是一大危害，職是之故，何不把他們全都集中在同一個地方，以減少其為害的範圍？即使每一個人的點子都很了不起，但這麼一弄，結果必然難逃徹底失敗的下場。做為一個顧問，我自從加入艾索專案後，已多次親眼目睹福特以此法來規避改變，但沒有一次手法的細膩能比得上艾索專案。

　　世上沒有任何一個備援系統，也沒有任何一系列的防禦工事，讓你在類似生產艾索汽車那樣的大環境下可免於失敗的命運。只有預防性的藥物或許有用，因此為表達對那個高貴的骨董車的敬意，容我將這個略帶預防意味的建議命名為「艾索的命令」：

**　　如果你非要新的事物不可，那麼一次只能有一個，不能有兩個。**

換句話說，如果你非得跟一個新夥伴同一個房間睡覺不可，鬧鐘就要用舊的。反之，如果你非得用一個新的鬧鐘不可，那就死抓住你舊的配偶。

時間地點隨你選

　　可保護你免於「潘朵拉的水痘」之苦的另一個辦法，就是選擇改變發生的時間和地點。你若想試一試新鬧鐘，請等到週末，或哪一天在中午前辦公室裏沒有重要事情的日子再來試吧。能夠拖到哪一天你要去探望岳母岳丈的日子那就再好不過了。你如果剛買了新

車──就算二手車也一樣──不要很英勇地就把它開出停車場,立刻開始一趟兩萬公里的長途旅行。先在你家附近打個轉,能多打兩個轉更好,試一試車子的性能。要多跟賣車的人保持聯繫,萬一要找人拖車的時候才能算便宜一點。

不過,有些時候你也別無選擇。有一次丹妮和我帶著她的七個學生一起去歐洲旅行,做人類學的田野考察,乘坐的是一輛德國福斯的九人座巴士,在盧森堡才交車。我們早幾個月之前在美國無法順利拿到這輛車,害得我們從第一天開始就陷入對新車狀況毫無把握的情況中。在一個新的國家,由九個人新組成的團體,要不是我們事先買了保險,這樣的搞法必然會使我們一路上災難連連。

福斯的真理

運用「艾索的命令」,我們有計畫地一次減少一個新狀況,如此一來,可保我們毫髮無傷,也不會一肚子怨氣。我們先從大伙兒都是新識的來下手。從我們出發之前的三個月開始,所有的隊員每週抽出一個晚上聚在一起,名義上是討論田野考察的相關事宜。不過,過程中我們逐漸對彼此更為了解。這讓我們日後像同在一個罐頭裏的九條沙丁魚般擠在一起的時候,才會覺得這樣的日子稍可容忍。請注意,我對日子所用的形容詞不是「文明的」,而是「可容忍的」。

出發的前一個月我們借了一輛類似的箱型車,用它來試作一次短程旅行。我們也練習一下行李要如何放置。極端講究細節無疑是件苦差事,但是拖到我們人到了盧森堡才來面對這些細節的話,將

會變成一件令人難以忍受的事。

　　利用這樣的策略，我們盡量把「新」所造成的影響降到最低、最無可避免的範圍之內：主要是來自福斯巴士本身。不過，你可以試想看看，福斯巴士是一個經過千錘百鍊、值得信賴的產品。我們的巴士固然是輛新車，但它的設計經過了長時間的考驗。而艾索則不然。

　　艾索想要一次就添加過多的新設計觀念。反觀福斯汽車公司，是一家以穩健的策略而聞名的汽車製造廠，每一次的改款都僅做小幅度的改變，而這些改變一定是經過千方百計的測試。在「艾索的命令」之外，我們還可加上「福斯的真理」：

如果你無法拒絕它，就設法降低它的危險性。

要化解伴隨「新」而來的危險，有許多策略可資運用，例如：

- 在相近的情況下做些模擬的練習
- 把「新」拆解成幾個小塊，一次僅採納一個小塊
- 讓其他人也能一起參與「試車」活動

　　你可將「福斯的真理」應用到買新車或建立一個龐大的電腦網路之類的工作上。在你要掏錢買「疣豬440Z」的車子之前，不妨趁你下次出差的機會先租一輛這款車子來試駕一番。如果你開的車一向都是自動排檔，而有心想換輛「疣豬四速手排」的車款，不妨先租一輛這種車試試，讓自己熟悉一下它的其他新功能。最重要的是，在你家附近不要當買這款車的第一人。

　　如果你能忍上個把月，會有疣豬車的車主向你發牢騷，其中的絕大部分你可以制止、疏導、或加以軟化。若順利的話，疣豬車廠的人也會好好處理掉這些牢騷。或至少負責維修的人會得到許多寶貴的經驗。簡而言之，不要輕信車商的廣告宣傳：趁車子的年份快要更換的時候趕快來買你的疣豬車吧。

時間炸彈

　　這些策略都很管用。靠著這些策略，有的時候你還真能戰勝「潘朵拉的水痘」，只要你不去相信「你隨時都可戰勝它」這樣的鬼話。許多我的客戶已成功地運用這些策略在招募新人的工作上：一次只招募一個新人，可以讓自己對降低的生產力有充裕的調適期，也可以讓新進員工做些有意義但不急迫的工作，並在他們碰到無可避免的失敗時能有備援的方案。他們也運用這些策略在電腦安裝的工作上：一次只添加一個新的裝置，可以讓自己對降低的生產力有充裕的調適期，也可以利用新的電腦裝置做些有意義但不急迫的工作，並在碰到無可避免的失敗時能有備援的方案。

　　當我建議客戶採用這些策略時，最常碰到的反對意見是：這樣的策略很「浪費時間」。人們似乎總是急著要讓新上手的事物能立刻就上軌道。會有這樣的想法也是合情合理的，那些事物若是不重要的話，我們當初也用不著為促成這些事物操這麼多心了。但時間的壓力會在新的事物上造成破洞，就像蒸氣的壓力會在新的鍋爐上造成破洞，道理是一樣的。這正是為什麼我一聽到有人說「我們在浪費時間」，我腦中的觸發器就會突然被觸動。我稱之為「時間炸

彈」，它是這麼說的：

時間會傷害所有的腳跟。

或是換一種說法：

要浪費時間最保險的做法就是對於警告充耳不聞。

有一個新的客戶請我幫他預防再度發生一百萬美金的損失，原因是有個傢伙讓他們最新的資訊系統當機——當了兩次——就在他們開放一台終端機供大眾使用的第一天。而那個人所做的只不過是把終端機的電源開關連續開開關關個幾百次而已。（他會這麼做的原因是這樣他才能看到螢幕上出現的奇特圖樣。）

原本客戶打算讓該系統先通過我提議的程序中所列的幾道防線後，才開放給公眾使用。經理們用腦力激盪的方式設想了許多終端機可能發生的狀況，提供給資料處理人員以設計出一個更佳的系統，使之不致發生那些可能的狀況。但是到了最後，他們趕著要讓系統上線，而且他們對系統不會出問題太有自信，或者說期望過高。不出所料，其下場正如鐵達尼號一樣。

因為他們太有信心，所以不願接受「失敗是無可避免」的看法，以致疏於提供備援的方案。他們應做而未做的，是在頭兩天派一個有經驗的人在終端機旁待命，但是為了不浪費這些人寶貴的時間，使得狀況發生時，距離最近、最有經驗來排除問題的人也要四十五分鐘的車程才趕得過來。此外，他們沒等到合格的人員到場診斷終端機的問題，就急著讓系統恢復連線。當合格的人員趕來時，

系統已二度當機——被同一個人用同一個方法。

若能善用「時間炸彈」這條法則所蘊含的智慧，在設置供大眾使用的終端機時，可替我的客戶省下五十萬美金。在系統第一次當機後，若能遵此法則而行，則又可替客戶省下五十萬美金。客戶確實預防了第三個五十萬美金的損失，但用這種方式來設立一套警鈴系統未免太貴了。

隆達的天啟

我為了自己的無能，未能防止客戶前兩次系統的當機而感到內疚不已。雖然我早知會有此下場，但經驗顯示非得大禍臨頭，客戶才會受到刺激而圖謀改變。我所看到的改變其動機通常都是來自危機。要有危機才會有動機，這並非最聰明的做事之道，但是做顧問的我，也不得不學習接受這樣的現實。我對危機的認識大多學自我的朋友隆達。

隆達是一個從事研究工作的生物學家。我對她處理艱困的情況時仍能保持冷靜，一直都很佩服。她最近新嫁給一個已經有兩個小孩的男子（足以讓任何一個正常人的頭髮變白），但隆達本人對此似乎絲毫不以為苦。

在她那講求效率的辦公室裏，唯一明顯的改變就是添了一個與丈夫和小孩合照的像框。受到她凡事講求效率的影響，我也有話直說。「我來此的目的是要向妳請教有關如何做好改變，並想知道是否有可能讓一個人不必遇上危機就樂於改變。」

「是這樣啊，那讓我告訴你一個小故事。」

危機與幻覺

「當我決定要嫁給彼得的時候，」隆達開始述說她自己的故事，「我所有的同事都問我，我新成立的速成式家庭是否會影響到我的工作。是什麼緣故會讓他們質疑一個有能力管理好三百萬美金的補助款、十四個年輕的實驗室助理、一百五十隻成年小獵犬的科學家，竟然會管不好區區一個家庭裏的家事、兩個小孩、和一個丈夫呢？」

「或許他們只是想找個話題，隨口說說罷了？」

「嗯，我倒把這當作是對我的一種侮辱。我不喜歡被人當成是一個披頭散髮的平凡家庭主婦，或是老蒲雜貨店木桶裏的某根醃黃瓜。我們從斐濟群島渡完蜜月回來的那一天，我把所有日常的家務打理得像指揮貝多芬的第九號交響曲般和諧動人。其完美宛如一件藝術品。」

「這我可以相信。」

「兩個小男孩坐在餐桌旁，就像交響樂團的小提琴部，用湯匙舀著貴格燕麥片。彼得則用牛排刀將火腿切成一片片，宛如演奏著第一大提琴。車庫外的車道上，旅行車的引擎發出的低吼聲宛如低音大提琴，油箱加滿了油，正熱著車準備好隨時上路，前往布萊恩的托兒所和伊森的蒙特梭利學校。」

「那麼妳在演奏什麼樂器呢？」

「我理所當然是指揮家，用我的指揮棒攪動著我的咖啡。我記

得當時的感覺就像在管理一個實驗室。最關鍵的事就是把大家組織好，各司其職。然後我不經意地向窗外望去——剛好看到了孟德爾，我家養的貓，被一輛車給撞了！」

「撞死了？」

「被輾得像壓葡萄機裏的葡萄乾一樣。可是你知道我當時腦中所浮現的第一個念頭是什麼？」

「我哪會知道，是什麼？」

「當時我在想：你可不能現在被撞死。我今天早上可沒替你安排哀悼的時間。」

「真是個奇怪的念頭！後來妳怎麼辦？」

「我的情緒完全崩潰了，那是我唯一有的反應。」

「怎麼可能會這樣，隆達。妳是一個臨危不亂的人。」

「你不相信嗎？那是因為你還不了解危機是什麼。那天早上發生的事還稱不上是個危機。」

「那聽起來很像是一個危機呀。」

「前五分鐘我也認為那是一個危機。到後來，我得到了天啟：那完全算不上是危機，那只是一個幻覺的結束。」

那就是有關由危機而引發改變的「隆達的第一個天啟」：

那看來或許像是個危機，其實只不過是一個幻覺的結束。

極力想要保持原狀

我能夠理解隆達所得到的天啟是什麼涵義，但是要我相信所有

的危機都只不過是某種幻覺的結束，可就有點難了。

隆達也了解我的難處。「很久很久以前，」她說，「有一個真正的危機……」

「……就像當妳的貓被車輾得像葡萄乾一樣？」

「不是，那也只是一個幻覺。」

「依我來看，一隻被壓扁的貓可不是幻覺。」

「但那正是一個幻覺。在我不停的驚呼聲中，孟德爾從地下室跑了上來，吵著要我給牠喝早晨的牛奶。」

「牠安然逃過了車禍？」

「那次車禍壓根與牠無關。只是當我向窗外望去的時候，我的幻覺已成熟到突然出現在我的眼前，那是我幻想出來最糟的一個情況。其實，被車子輾過的是一個足球。」

「所以妳的幻覺結束了——而妳卻極力想要保留它，結果就產生更嚴重的幻覺。」

「正是如此，」隆達微笑著說。「就拿你所面臨的中年危機來說吧，你還記得嗎？你不再認為自己能夠既有健康的身體又絕不會變胖地活一輩子。對嗎？」

她說到了我的痛處。「最讓我難以忍受的是，有妙齡的女子竟然為我開門。」

「對我來說，這等於是要我放棄自己絕對能幹的形象。」

「但是妳的確很能幹啊。妳是我認識的人當中最能幹的了。」

「但那不是絕對地能幹。你只不過是被我努力維持的幻象給矇蔽了。」

「哦，」我說，「那妳做得太逼真了。」

「當然啦，我的確做得很逼真；我努力地維持自己強者的形象。而我為什麼要這麼做呢？那是因為：

「當改變無可避免時，我們會拼死去保留我們所最珍愛的東西。」

幻覺只會幫倒忙

「隆達的第二個天啟」業經證明甚至要比「第一個天啟」的用處更大。每當我的客戶為所面臨的改變而掙扎時，我可以利用他們為何掙扎而看出他們最重視的到底是什麼。有時，我甚至發現自己的內心在掙扎，因而了解到自己重視的究竟是什麼。當然，我是在與「隆達的天啟」搏鬥，這個事實她是一定會把它挑明的。

「在這幾個天啟當中，你最不願意接受哪一部分，傑利？」

「去承認是我要我的客戶相信，為了改變他們一定要有我的幫助。此外，我不願接受的原因是我怕他們其實並不需要我，而且我怕我會因此而失去客戶。」

「完全正確。」

「這真是個令人難以接受的事實，隆達。我不敢相信我自己是那樣的人。」

「當然很難，不過你也不必感到慚愧。那是一條來自大自然的法則。我的小獵犬會保護牠的幼犬；而你，想要保有你的客戶；至於我，則想保有我的能幹。」

「呃，如果小獵犬都可以這樣做，為什麼想要保有你最重視的東西會帶來罪惡感呢？」

「這倒沒有什麼道德上的理由，而是因為它會給我們惹來麻煩。一旦幼犬長大了，小獵犬媽媽自然就會產生停止保護幼犬的感覺。而人類則會產生幻覺，他們製造這樣的幻覺以取代所失去的現實。真正的改變大多是一個緩慢的過程。如同老化的過程一樣。可是在我們製造幻覺以掩飾改變的同時，我們很快會發現，我們正在耗費自己全副的心力以維護這些幻覺。這樣的做法使得我們在改變的規模還不大，很容易就可完成的時候，卻不去處理它。幻覺一旦突然破滅，就會使我們將已發生的改變當作是危機的出現。」

「而會使危機更加惡化的，竟然是我們為保持現狀所投入的心力嗎？」

「正是如此。你可以稱此為我最後的一個天啟。」

當你為了防止或弱化改變，而製造出一個幻覺的時候，改變卻會變得更不可免──而且更難以承受。

一個顧問用以幫助客戶應付改變的所有可行的辦法，「隆達的第三個天啟」都適用。不論你採用的是什麼辦法，務必要以公開、明確的態度來進行。這是你能提供給客戶最有價值的一種服務了，因為當困難重重的改變一旦啟動了，真相總是成為一種稀有物品。

你也該鼓勵你的客戶要盡早面對真相。如果你真的有心要「保護」他人，絕不可「保護」他們與真相隔絕。真相或許會傷人，但幻覺會傷得更深。

10 要是他們抗拒怎麼辦

what to do when they resist

你可以把水牛帶到任何的地方，只要那是他們想去的地方。

——水牛的韁繩

對大幅改變的各種風險，或對小幅改變的各式陷阱，即使都提供了備援的方案，顧問仍然會碰上許多似乎完全不想改變的人，他們所持的理由有時還頗有一番道理。為了逃避上級交辦下來的改變，人們會採取各種的作為——以表達其抗拒之心——從公然唱反調到比較世故圓滑的手段都有，例如「忽而要你幫我，忽而不要你幫我」的遊戲。不太常見的一種抗拒方式就是簡單的一句：「不用啦，謝謝。我不想做改變。」

要對於抗拒抱持感謝之心

　　每一個顧問對於抗拒都嘖有煩言，但你若認為抗拒是件壞事，那麼請你想一想另一種情況：碰到一個客戶對你的想法完全不加抗拒，才更可怕，因為這麼一來，所有的責任就全落在你的身上，你可得每一步都不能出錯。然而，沒有任何人能做到盡善盡美，我們需要有抗拒的力量，才能測試出我們的想法是否還有疏漏之處。因此，對付抗拒的第一個步驟是要感謝它，因為唯有透過這樣的方式，方能使顧問的工作變得比較輕鬆一些。

　　抗拒無所不在，實乃顧問之大幸。不論他們自己知不知道，每一個成功的顧問都有一套對付抗拒的工具。我的做法是採用彼得・布拉克（Peter Block）著作的延伸版，他所著的《*Flawless Consulting: A Guide to Getting Your Expertise Used*》（暫譯：完美無瑕的顧問：讓你的專業得以發揮的指引）一書，對於所有的顧問都是一本非常重要的書。你可在書中找到更為詳盡的說明，而在本章，我僅摘取

布拉克的幾個主要步驟。

要將抗拒攤在陽光下

抗拒像是蕈類。在陽光下它無法生長茂盛。因此，一旦你懷疑有抗拒存在，你的下一個步驟就是將之曝露出來，而不要任它在陰暗的角落裏潰爛。

你的反應

每當我感覺到有人抗拒我的想法，我本能的第一個反應就是去抗拒那個抗拒。如果我一直重複做同樣的事，或是表現出任何怪異的行為，就表示我的無意識已察覺到抗拒的存在，而正要試圖與它決鬥。在我心靈中主管意識的部分對於察覺到底發生了什麼事，總是會慢半拍，但是一旦它終於加入了戰局，我最可靠的抗拒偵測器就是我對我自身行為的第一手觀察。

對於你自身的行為模式你理當非常熟悉。如果有任何的蛛絲馬跡顯示出某件事的情況可能不對勁了，請遵循「布朗動聽的遺訓」，並開始聆聽來自你體內的音樂。務必要注意那些非言詞的行為，它們到底是防衛性的還是具攻擊性的，完全取決於你對抗拒的感受為何。在此僅提供幾個你在無意間會做的一些小動作：

防衛性
- 走開

攻擊性
- 用手指著別人

- 移開視線
- 昂首瞪視
- 搖頭說不
- 搖頭說是
- 交叉雙臂或雙腿
- 揮舞拳頭
- 勉強微笑
- 板起面孔
- 打哈欠
- 連講好幾遍

察覺到自己做出這些動作中的任何一個，通常我可在自己的內心思索出原因，發掘我的感覺是厭煩、苦惱、不耐煩、或憤怒。有些時刻，不必等我察覺自己有不尋常的非言詞行為，就可直接感受到這些感覺。而其餘的時刻，我的線索是來自我說話的方式——並非說話的內容，而是表達方式。我經常會在無意間說出「我」或「你」，而不是「我們」，或者說話時的口氣，簡直就是「像老子在教訓兒子」。

他們的行為

我也能從別人非言詞的行為來判斷是否有抗拒之心，但無法看出別人內在的感覺，因此這個技巧對我來說不但太慢也不太可靠。

萬不得已時，我最後的一招就是注意他們的用詞，但這是所有的方法中最不可靠的一個。許多人都擅長以言詞來掩飾他們抗拒的情緒，然而，有時如下的關鍵詞句仍會洩露心中的祕密，讓我驚覺有異：

「我需要多了解一點詳細的情況。」
「你需要多了解一點詳細的情況。」

「還嫌太早。」

「已經太遲了。」

「這在現實的世界就不適用。」

「關於此事，我有些個人的看法。」

「那個做法還沒人試過。」

「那個做法已是老套。」

「我沒有任何的問題。」

「我已經有一大堆的問題。」

我把這些句子用兩相對照的方式呈現，不只是為了容易記，而是因為它們經常就是如此成對出現。這正如同一個存心抗拒的人會說：「只要能抵制這些改變，隨便要我說什麼都可以。」

弔詭的話也極為常見，因此即使我對於那些表明抗拒心跡的特定字眼並沒有什麼特別的研究，仍然能抓出其中許多的矛盾處。有兩個與說話有關、極為常見的線索皆可據以斷定心存抗拒之意，妙的是你完全無需聽到它們真的被說出來。有的時候，理應要有所回應，得到的卻是長時間的沉默。有的時候，完全相反的事發生：冗長又毫無意義的絮絮叨叨。

不過，能夠具體表達出抗拒之心最常見的方式，可能就是客戶轉過頭來對我說了一段話，其大意是：「我沒有任何的問題，有問題要解決的人是你。」這是一個極明顯的矛盾，因為今天花錢請我來解決問題的人是客戶，而不是我。這樣的說法極為常見，因為說

了以後很管用，而說了以後能管用是因為有時這是實話。有的時候，顧問的確有問題。

當然我有不少的問題，而有時我自身的問題會投射出來進而影響到客戶。這是為什麼在處理問題的過程中，下一步該做什麼就非常重要。不論下一個動作會做多少事，不可或缺的一件事就是要把我的問題和客戶的問題做一清楚的區隔。

以中性的方式來描述抗拒

為保持我自身的問題不與他人的問題混淆，我必須找到一個公正客觀的方法供大家公開地討論問題。從「史巴克的問題解決之道定律」可知，若一味指責別人將只會把解決問題之道愈趨愈遠，而出現找人頂罪的結果。為避免犯下這樣的錯誤，我會換個說法：「因為討論的主題不停在變，讓我不知該如何是好。可否請你幫我一個忙，焦點一次只擺在一件事上？」我避免說在變換主題的是別人；也有可能是我自己在變換主題，而我卻沒有察覺。不要指責別人，替代的做法是我坦白地把我的問題說出來。

我若能保持我的陳述公正客觀，那麼我就能從對方的回應中得出較為正確的結論。如果遇到的情況是客戶不停地要求更多的細節，我會回答說：「即使沒有那些資訊，我想我們還是可以繼續解決問題且有所斬獲，因此我的建議是，就以我們手上現有的資訊來試一下。」這是表達我對事情感受的一個公正客觀的陳述，和下面這種說法有很大的不同：「你並不真的需要所有你想要的資訊。」

這個說法可做為對於客戶心理需求的一種描述──這些需求我是不可能知道的。

等待對方回應

　　以客觀公正的方式來描述抗拒是對於過程所做的一種評論，並且可將討論從正在醞釀的抗拒的泥沼中提升到一個完全不同的層次。但是讓論理能保持在一個客觀公正的層次，對我而言是最不容易做到的事，因為我必須克制自己不要多嘴：我極力控制自己的發言不要超過兩個短句。然後，我不再發言。

　　然後，我等待。

　　然後，我繼續等待。

　　然後，我有時要再等久一點。

　　等待對我而言是很難捱的，因為當會議室裏鴉雀無聲，會讓我變得很緊張。不過，客戶也一樣緊張，況且我們正在處理的是他們的問題，而不是我的問題。我終將會從他們的舞台上消失，留下他們繼續去完成這些改變，因此我何不及早讓他們練習扛起責任。畢竟，他們遲早都得扛起責任來，如果我等得夠久的話。

小心應付對方提出來的問題

　　有時，回應只是另外一種方式的抗拒。遇此情況，我只需重複前述的過程，我終究會聽到客戶把真正憂心的事和盤托出。不過只要客戶開始問我問題，即使是同樣的問題但稍微換了包裝，往往就會讓我再度落入圈套。一個顧問若是對任何事都有一肚子的答案，

又急著向別人展現他的過人之處，要控制這種人最容易的一招就是問他問題。為了要改掉這個壞習慣，我會很誠懇地來回答問題——但絕不超過三個。若超過了，我會把問我問題當作是一種變相的抗拒，並用公正客觀的方式把我的感覺說出來。我會說：「我已經回答了三個問題，但是我還是不知道我們的方向是什麼。」然後，我等待。

用這樣的方式來描述抗拒，相當於在說：「我們沒有達到我認為我們應有的進展。對於這樣的情形，你有什麼看法？」當客戶最後提出他們的看法，或許他們是對我所暗示的意思做回應，而不是對我實際上所說的話做回應。若果真如此，我們已經啟動了可找出抗拒潛在來源的過程，這是客戶和我能夠一起做到的事。

找出抗拒的本性

確定別人有抗拒之心後，我經常會有一股衝動想急著把它糾正過來。絕大多數的人對於如何克服抗拒都自有一套辦法，但是這些做法對一個顧問來說多半不太管用。

水牛的故事

我為摩頓辦了一個派對，把他介紹給我的幾個朋友。他有一個私人的牧場，裏面養了近兩百頭的水牛。受邀的客人當中包括了傑克，他是一所高中的數學老師；夢娜，她經營一家公關公司；還有溫蒂，她是一家醫院的資深系統分析師。當晚的主菜是由摩頓所提

供，剛開始的時候炭火還不夠旺，菜上得很慢。不一會兒，每個人就東扯西拉地開始大吐自己的苦水。

「這個禮拜過得遭透了，」夢娜氣嘟嘟地說。「看來我是無法讓每個人都像我一樣賣力地工作。甚至連要求員工準時上班我都辦不到。從下個禮拜起，我非得採取更嚴厲的手段不可。」

「妳應該慶幸自己不是一個當老師的，」傑克說。「我也很想對學生嚴厲一點，但是受到重重校規的束縛，使我完全無法對學生做任何的要求。有時候，我真忍不住想要找根藤條來把那些懶惰的學生痛打一頓。」

溫蒂笑了起來。「至少你還有一點權威可耍。哪像我當個系統分析師，根本沒人肯聽我說一句話，更別提照我的話去做了。我們花了一年的時間才把一套新的電腦系統建立起來，但是醫生和護士小姐們對它卻不理不睬。只要我能當一天醫院的院長，我就能讓他們都乖乖地用這個系統。」

我完全能夠體諒他們的苦處，但我還是認為這些都比不上我所受的痛苦，我對他們說：「當作家的遭遇更是慘透了。溫蒂，妳至少是在一個實際的場所中工作，因此妳有機會讓醫生和護士們照著妳的想法去做。哪像我寫完了一本書，送到這個世界上，以後會發生什麼事就完全不是我所能控制的了。如果大家都不喜歡我寫的書，他們就當作根本沒這麼回事。天哪，我寫的東西可不是普通的偉大，只要我有辦法能強迫少數的重要人士看一遍我的書，就會對他們有深遠的影響而終身受益無窮。」

就在這個時候，丹妮輕聲地提醒我水牛肉漢堡可以上桌了，因

此我聽不到大伙兒對我悲慘的故事作何反應。不過，我也樂得能夠脫身，因為我自己愈說愈覺得難過。

水牛的韁轡

好在水牛肉漢堡一上桌，話題的焦點就轉移到摩頓的身上。「真是好吃極了，」夢娜邊說邊用餐巾紙輕撲留在她臉頰上的油漬。「我聽人說要圈養水牛可是一件非常困難的事。」

「是啊，」傑克接過她的話，「我也在某本書上讀過水牛不喜歡被人關在圍欄裏，他們要穿越一個鐵絲網做的柵欄就像穿越一條屠夫用的麻繩一樣容易吧？」

「用不著柵欄，」摩頓回答，「只要你會使用水牛的韁轡。」

「我這輩子大概還沒見過水牛的韁轡。我猜那一定要製造得非常結實。」

「完全不需要製造。」

傑克似乎比我想像中還困惑。「我恐怕沒聽懂你的意思。」

「那不是一個你製造出來的東西。那是一樣你知道的東西。」

唉呀，我常以自己什麼都懂而自傲，但是碰到了水牛，我就一無所知，於是我就開口問道：「那麼那是什麼東西呢？」

「這個嘛，如果你想要讓水牛對你服服貼貼的話，你必須知道兩件事，而且只需要知道兩件事：第一件事就是，

「你可以把水牛帶到任何一個地方，只要那是他們想去的地方。

「而第二件事，

> 「你可以讓水牛不去靠近任何一個地方，只要那是他們不想去
> 的地方。」

「我看所有的動物都是這樣嘛。」溫蒂說，「但是，要對付體型小的動物，知不知道這個道理就不那麼重要了。他們只能任人放在哪兒就待在哪兒，或者說任人往哪兒拉就得朝哪兒走。」

溫蒂的話也有幾分道理，我覺得有些可以放進我的文章裏。事實上，沒幾天前發生的一件事，剛好可以完全印證溫蒂對於小動物的看法。我把身體貼著椅背，擺好一副準備講故事的姿勢，然後開始說起我的故事。

小狗的故事

丹妮和我北上到奧馬哈辦了場研討會，主題是談「溝通」。為了能有充分的休息，我們早一天在舉辦研討會的那家旅館訂了一個房間。不幸的事發生了，我們才剛上床準備就寢，就聽到隔壁的房間發出一陣陣時而低噪時而狂吠的狗叫聲。

我們兩個都是愛狗的人，不忍心棄那隻可憐的小東西於不顧，牠顯然是被主人遺棄在一個陌生的房間裏。我立刻打電話通知櫃檯這件事。

「你一定是弄錯了，」對方很有禮貌地回答，「我們的房間是不准客人帶狗一起住的。」

「那豈不更糟？」

「那你認為狗是在哪個房間裏？」

「我不是認為，而是確定。就在二〇六號房。」

過了一會兒。「不可能啊，你一定是弄錯了。二〇六號房根本就沒人登記住宿。」

「既然如此，那麼你們就碰到一個住霸王旅館的人了，還加上一隻被人棄養的狗。」

「那隻狗一定是在旅館的外面。再等個幾分鐘牠就會自己離開。」

「能不能請你派個人來檢查一下二〇六號房，拜託！」

「哦，好吧！我會就近派個工程師去看看，但要等他忙完了。」

我不知道那個工程師在做什麼，不過過了半個鐘頭他還是沒有忙完。那隻狗仍不停地低聲嗥叫，而我們也只有聽的份，於是我又撥了個電話。對方再次答應我工程師會來看看，不過，一直都沒有動靜。

「看來他們是不想相信我們的話，」丹妮做出評論。「除非你親自去找他們，當場發頓脾氣，否則的話他們是不會採取任何的行動。」

「如果我就這樣光著身子去找他們，或許他們還會理睬我，但是現在外面實在太冷了。如果我再穿上衣服，我就很難再入睡了。」

「嗯，我想不出還有什麼辦法可以讓他們過來看看，除非我們當中有人跑到櫃檯去把櫃檯給砸了。」

「啊！我想到了！」我像阿基米德一樣地大叫，並從床上一躍而起，只是我不像他那樣全身濕搭搭的，但是跟他一樣全身光溜溜的。我打了個電話給櫃檯。「我是溫伯格先生，住二〇四號房。我為狗的事打過電話，牠還在那兒不停地叫。」

「我們已經請工程師檢查過那個房間，溫伯格先生。二〇六號房沒有狗。」

「哦，那可能不是一隻狗，但我聽到有什麼東西在那個房間裏。聽來牠好像快發瘋了。不久之前牠還只是在叫，但是現在我聽到牠……」我停止說話，假裝專心地聽了一會兒，「……正在撕扯傢俱的聲音。」

「啊？真的在撕扯傢俱嗎？」

「從牆的這一頭聽起來，的確很像是那種聲音……沒錯，我聽到的絕對是瘋狂地撕扯東西的聲音。」

「溫伯格先生，我會在幾分鐘內回你電話。」

她沒有再打電話過來，不過，不到三十秒我們就聽到有隻狗被帶出二〇六號房。

人的故事

「這個故事的確可以證實溫蒂的觀點是對的，」傑克在我講完故事後說道，「那隻狗不想留在那兒，如果那隻動物的體型有水牛一般大的話，牠就可以直接撞破牆壁跑出去。」

夢娜看來陷入沉思。「我想換做是摩頓的話，他可能會留些狗兒感興趣的東西在房間裏，讓狗兒願意乖乖地待在那兒。像是玩具

啦，或一隻異性的狗啦。」

「這是我的祕密，」摩頓說。「當然啦，我對狗的了解遠不如水牛，不過，我想我還是能想出一個方法讓那隻狗願意留在房間裏。」

「依我看來，」丹妮評論道，「傑瑞對櫃檯小姐所做的正是如此。在他還沒想到她想要的東西是什麼之前，他無法要她採取任何行動。一旦他想到了，用不著一分鐘事情就都解決啦。」

「是啊，」傑克說，「傑瑞的運氣真好。就像摩頓要應付的動物是如此地溫馴一樣的幸運。我就倒楣得很，因為高中生跟水牛完全不同。如果你只要做到讓高中生有學習的心，就可以把任何你想要教的東西全都教給學生，若真能如此，教育工作就容易多了。然而，光是把校長所規定的教材全都教完，就已經夠我焦頭爛額了。哪還有閒工夫去管學生心裏要的是什麼呢？」

「你的說法我舉雙手贊成，」夢娜說。「如果員工在我的專案上肯稍微多用點心，或許我就抽得出空來了解他們的欲望是什麼。反之，如果他們不懷著熱忱來做公司的事，我花時間為他們操心又有什麼意義呢？」

「我很能體諒妳的心情，」溫蒂附和道。「當醫生和護士們不願使用我的系統時，如果他們能夠稍微體恤我的心情，並且珍惜我是多麼地希望他們會喜歡它，會好好地利用它，那麼，我的工作或許就不會那麼不順利了。但是看來我就是無法讓他們用我的觀點來看事情。」

不知怎麼地，話題又回到「工作」這件令人喪氣的事上，但是

我忍不住還要說幾句。「這個嘛,如果每個人的行為都能像水牛一樣,作家的生活真的可以輕鬆許多。我要做的就只是針對讀者們感興趣的事說出我必須說的。但是,就我所知,對於有意義的事很少會有人感興趣。要不然的話,他們會迫不及待地將我寫的每一本書都狼吞虎嚥下去,如同你們將這些水牛肉漢堡狼吞虎嚥下去一樣。」

摩頓點頭表示同意,緩緩地轉動他的頭,把我們每個人掃視一遍,最先是傑克,接著夢娜,再來是溫蒂,最後他的視線停在我身上。「是啊。我的確很高興我打交道的對象是水牛。對人我是永遠無法理解的。」

一起找出源頭

「水牛的韁繩」是對付抗拒的致勝關鍵。一旦我關心我自己要什麼更勝過我的客戶要什麼,我就無法發揮出此法則的威力。你會認為我理應參透「客戶關心他們自己要什麼,更勝於我要什麼」的道理,但是我經常會忘記。水牛和人類之間的差別,或許就在水牛具有從經驗中學習的能力。

「抗拒」是顧問所慣用的一個標籤。對客戶而言,應正名為「安全」。人們會去做某些事,原因是他們認為如此一來所得的要比所失的為多。他們若發覺淨額為負的時候,就會產生抗拒的心理。通常此淨額是由許多的因素所組成,有些會帶來盈餘,有些則會造成虧損。為了找出抗拒的源頭,我和客戶會一同整理出一份損益皆包含在內的清單。我總是有點怕這麼做會勾起客戶某些負面的想

法，那是他原本所想不到的，不過，與客戶共事的過程遠比清單的本身重要得多。

與客戶共事的過程可讓暗藏於潛意識裏的因素一一浮現出來。對於那些負面因素，客戶往往表面上絕口不提，心中卻又高估了其嚴重性。高明的作家寫的鬼故事，絕不會把那些妖魔鬼怪描寫得太清楚，因為一隻鬼若是能讓你看得一清二楚，你就不會覺得有什麼可怕了。當我和客戶為某一潛在的虧損取了個名字，並加以清楚的描述後，所有不理性的恐懼也都消失無蹤了。

反之，多數的正面因素我的客戶卻記不得，包括在我看來極其明顯的因素在內。有些時候，客戶做某些事所帶來的好處，我覺得對客戶毫不重要，又有些時候，客戶對所帶來的好處會過分誇大，誇大到我難以想像的地步。但是，找對好處的看法是什麼並不重要。這正是為什麼我必須將這些好處公諸於世。

找出替代方案並加以測試

在我們大腦中無意識的部分，若想找到哪些是抗拒的起源，最有效的做法就是將各種替代方案最吸引你的特色一一加以測試。典型的試探性問題可包括：

- 「如果我們把時程延長六個月，你會有怎樣的感覺？」
- 「如果我們有辦法將成本減少三成，這個計畫是否會更吸引人？」
- 「在不增加人手的情況下，如果我們仍然如期完成，你要怎

麼說？」

- 「假使我們不去動電腦的腦筋，只修改人工的作業程序，可行嗎？」
- 「如果在這個計畫中你只能改變一件事，卻可造成截然不同的結果，會是哪一件事？」

最後一個問題的效果可能最大，然而有些客戶因為受到「現實」的荼毒太深，以致不敢去要求某些已被他們認定為不可能的實現條件。因為我們並不求在此階段即把問題解決，只求能找出抗拒的源頭，因此我們必須讓客戶能從重重桎梏的想法中脫身。有時，我們用下面這個問題即可達相同的目的：「如果有個好心的仙子，可以實現一個你對此計畫的願望，那麼你最想要實現的願望是什麼？」

若我們事先聲明就當作是在玩遊戲，藉由自由奔放的幻想所營造出直言無諱的氣氛，似乎就能讓絕大多數的人擺脫束縛。不過，心靈中的意識部分有時會回答你說：「我就是想不出來，」其實它真正要講的意思是：「我的潛意識並不想讓你找出它抗拒的源頭在哪裏，因為它怕你會因此而找到更好的辦法來對付它。」

偶爾我為了要繞過潛意識所築起的防禦工事，我會說：「有關這個計畫，我知道你想不出任何你樂意去做的改變，不過你萬一能想到什麼的話，那會是什麼事呢？」至少有一半的機會，這個弔詭的問句會直搗問題的核心。之所以會如此，原因在於弔詭乃是潛意識所慣用的語言。

為迴避「客戶沒有分辨抗拒的能力」這樣的難題，我們還得訴

諸另一個弔詭的手段，那就是去強調正面的因素。比如說，我們可以問：「對於這個計畫，你最喜歡的部分是什麼？」一旦得到了答案，你再繼續問下去：「下一個你最喜歡的部分又是什麼呢？」到了最後，此計畫所疏忽的重點會因從未被列入答案而漸漸突顯出來。

預防抗拒的發生

想要走出死胡同，你也可以把思考的焦點從「改變」轉移到「維持不變」，也就是說，從客戶樂見其發生的事轉移到他們不樂見其發生的事——我會問的問題像是：「當我們在執行此計畫時，你希望能確定不發生改變的是哪一件事？」

在我開始夸夸其言，大談我落實改變的偉大計畫之前，如果我能記得先問一問這個問題，或許我就能完全避免抗拒的發生。其實，我若是真的了解我的客戶，只要做到我最初就該做的事即可避免抗拒的發生。因此，不論是在抗拒發生之前或之後，同樣的技巧都可派上用場。

減少不確定

前述問題中最關鍵的字眼是「確定」。可能有高達九成的抗拒是來自不確定——會有這樣的結果非常合理，因為我們著眼的是未來。沒有任何人能知道未來會如何，而客戶通常要比顧問更懂得這個道理。遇事愛打安全牌，不願承擔風險的人是不會去當顧問的。

由不確定因素而產生的抗拒，可利用能降低風險的技巧予以克服。這是為什麼延長時程對焦慮不安的客戶而言是一帖萬應的鎮靜止痛劑，這樣的客戶從直覺上就知道「時間會傷害所有的腳跟」這個道理。一聽到有人鬆口說可以有更多的時間來落實一項改變，所有參與改變的人似乎都鬆了一口氣──除了那個從外面被硬拉進來要依期限完成工作的人。

希望能有更多的時間，可能是對時間的一種特別需求，也可能是對降低風險的一種普遍需求。我能夠分辨是何者，所用的方法就是降低不確定性，例如計畫中明確細節的不確定性。我一向過度地依賴直覺來做事，這會使我惶惑不安的客戶搞不懂我說的究竟是什麼意思。最近有個客戶一語驚醒了夢中人，他問道：「三十那個數字──它的意思究竟是三十個人還是三十萬元？」如果我的溝通能力僅止於此，也難怪他會起抗拒之心了。

一旦我消除了我談事情時話中所夾雜的不確定部分（絕不可小看其為害的程度），總是會有一些殘餘的不確定成分是消除不掉的。如果這些殘餘的成分對客戶而言仍是多到了難以容忍的程度，我會考慮去修改計畫，加入某種形式的保險措施以抵擋風險。開發中國家的農業官員會提供這類的保險，以克服小規模自耕農對改採新的農耕技術時慣常會出現的抗拒心理。如果農人有意採用新的技術，官員保證會彌補農人今年的收成與去年之間的差價。如果今年的收入較去年為佳，則農人可將多得的錢放進自己的口袋。

保險所採取的形式是「如果你害怕的事果然發生，那麼我會做這些這些的事，以為補償」。這種替代性的方案也不必然是以金錢

來衡量。有個客戶消除了一個高風險專案參與者的恐懼心理，其做法是給每位參與者一份書面的保證，如果該專案不幸半路夭折的話，每一個人仍可得到特別的工作保障。還有一些客戶是發給所有的參與者一張憑證，讓他們去參加一定時數的訓練課程，費用則完全由公司支付，他們可自由選擇任何自己感興趣的課程。這兩個方式都向參與專案的人員保證：即使專案最後未能成功，也會將他們個人的損失減到最低。

別擋了別人的路

到了最後，克服抗拒的工作中最重要的部分，就是避免抗拒會在某一點上僵持不下。這是為什麼我必須不斷地提醒自己不可去「抗拒他人的抗拒行為」。或許我會贏得一場與客戶的爭辯，然而我也會把客戶逼到一個位置上，讓他們覺得，改變自己的心意就等於是變相的「認輸」。當場丟臉的風險似乎永遠要大過日後損失一百萬美元的風險。

對我而言，丟臉所造成的風險可能更嚴重，因為我的「臉」就是客戶的事業，而有損失之虞的那一百萬元也不是我私人的錢。當一個計畫似乎僵在抗拒的狀態中，三次裏有兩次是因為我要僵持，而非客戶要僵持。這是為什麼我要不斷地回到「找出抗拒的源頭」的處理過程，從我自己的內心找起。

再次強調，我的目標是幫助客戶解決問題，而非展現我過人的才智或主宰一切的意志力。做為一個顧問，對於客戶的成功或失敗，我的參與充其量也不過是個小角色，因此我萬不可讓自己被自

己很偉大的幻想給沖昏了頭。即便如此，我還是會犯這樣的錯誤。

我若無法消除客戶的抗拒之心，我會盡量不把它當作是針對我個人。若是把它當作是針對我個人，則只會造成客戶的兩種反應，要嘛繼續抗拒下去，要嘛僅為了要討好我而停止抗拒，不論哪一個都不是好事。當僵局到了某個時候，最好的辦法就是放手隨它去吧，並且宣佈：「恐怕這一次的問題已超出了我的能力範圍。希望你們最終能解決它，但是我實在已想不出什麼好辦法來幫助你們。」

每當我想要就這樣放手隨它去吧，起初我會抗拒很長很長一段時間。我害怕我會失去客戶對我的尊敬，但是這樣的害怕如同多數的抗拒一般，都是不理性的。而每次當我這麼做了之後，客戶對我的尊敬卻不減反增，因為我展現出我的能力已大到敢於承認我並不是一個全能的人。

讓我最感驚訝的是，每當我就放手隨它去吧之後，客戶的抗拒心理常常也隨之瓦解了。當沒有人逼你的時候，就再也沒有什麼好抗拒的了。

11 為你的業務作行銷

marketing your services

你至少要有四分之一的時間是花在無所事事上。

——行銷學第九法則

在最近舉辦的一場顧問研討會上，大家彼此交換一些親身經歷，大談自己當初是在怎樣的因緣際會下走上了顧問一途。馬提說他原本是在北卡羅來納州擔任電腦程式設計師，後來公司決定將總部遷往費城。他不打算跟著搬家，但因為公司需要借重他的專長以維持好幾個系統的順利運作，於是公司向他提出條件，一個月只需花一週的時間到費城上班，卻能支領相同的薪水。其餘的時間都閒著沒事幹，因此他開始尋找其他的客戶。

潘蜜拉原本在紐約的一家銀行擔任講師的職務，專門為與銀行有往來的客戶舉辦金融方面的研討會。這些研討會讓她有機會在眾多客戶的最高主管面前展露其辦事能力，因此有好些家公司的最高主管向她探詢，是否有意幫忙他們強化訓練課程。於是她離開了那家銀行，成為一位獨立的講師以及訓練方面的顧問──而她之前任職的公司也成為她最好的客戶。

如何走上顧問這條路

馬提和潘蜜拉二人都是典型的例子。多數的顧問是在一個偶然的機會下踏入顧問的行業，而他們大多在一開始就至少已簽下一個主要的客戶。從這一點至少可以證明，顧問這個行業有其獨特之處──你總不會在一個偶然的機會下去開設一個高級用品的專櫃、一間修車廠、一家餐廳、或一個健身中心吧。

欲自行開創出一番小小事業，「已證明可行的」方式就是先做些市場調查，然後再籌劃要如何去創造需求，或如何去滿足現有的

市場需求。因為顧問大多是在一個偶然的機會下開始，生計的問題有他們的第一個客戶為保障，因此很少有人會去想該如何去推銷自己所提供的服務——直到他們失去了第一個客戶。事情已經發生，他們才不得不跑來找我，跟我討教一些行銷學的法則。

行銷學法則

業務要適量

我做的第一件事就是對上門求教的人說個謎語。

謎題：如何可分辨是老顧問還是新顧問？

答案：新顧問會抱怨：「我需要多一點的生意。」

老顧問也抱怨：「我需要多一點的時間。」

做顧問的命中注定了不是時間太多而生意太少，就是時間太少而生意太多，這樣的結果讓我們得出了「行銷學第一法則」：

顧問會處於兩種狀態下：狀態閒（太閒）或狀態忙（太忙）。

對一個顧問而言，雖有許多免費的午餐可吃，但卻沒有「生意量剛剛好」這等好事。

我一開始就提出這條法則，因為對任何一位顧問來說，最重要的就是能訂出一個務實的行銷目標。在無意間成為顧問的人或許在短時間內有恰好適量的生意，這會讓他們對於顧問工作到底是怎麼一回事，留下了一個錯誤印象。我還從未碰到有任何一個顧問能持

續保持恰好適量的生意。如果你設定的目標是有份穩定的工作，只求有適量的工作可保生活的安樂即可，那麼請你去頂個魚舖或從軍報國，千萬別來碰顧問的工作。

找到客戶的最好方法

為什麼有恰好適量的生意是一件不可得的事呢？問題在於你既有的生意量已大致決定了你可能找到的生意量。每當有顧問向我請教找到新客戶最好的方法為何，我必須很老實地用「行銷學第一法則」來回答：

找到客戶最好的方法是先有一些客戶。

不容諱言，這個答案他們不會滿意，因為他們正處於狀態閒。如果他們已經有幾個客戶了，他們也不會來找我給他們一些行銷上的建議，但是這的確不是給這個答案的好時機。能找到新的顧問業務最好的時機，就是在你顧問生意忙不過來的那個時候。

人人都喜歡跟事業成功的人打交道。很誠懇地把一個新的工作機會給拒絕掉，再沒有哪一種行銷工具要比這麼做更有效的了。做顧問的人會有很多的時間是處於狀態閒，因此正在物色顧問人選的客戶會發現，多數的顧問都急於想要得到工作的機會。如果客戶剛巧碰到你處於狀態忙的話，他們會認定你一定有些過人之處。於是，他們就非要找你當他們的顧問不可，即使你這次抽不出空，下次當他們又需要顧問的時候，也會第一個打電話找你。

公開露面的時間

找到新客戶最好的方法是先有一些客戶，如此一來，會造成富者愈富，貧者愈貧。多數的貧顧問會感到沮喪，因而退出這個行業。然而，多數的富顧問終究會犯錯，使得他們從狀態忙又跌回狀態閒。

首先，他們在狀態忙裏是非常地忙碌，以致忘了狀態忙是從事行銷工作的最佳時機。「行銷學第三法則」就是專門設計來提醒他們：

每週至少要花一天的時間在公開露面這件事上。

處於狀態閒的顧問可以毫無困難地接受這條法則；他們沒有其他更好的事可打發他們的時間。但是處於狀態忙的顧問實在是太忙了。如果我可以說服他們，讓他們明白有朝一日他們的生意量會滑落，他們的反應必然是更加努力地工作——為終將會來臨的淡季先多存點老本。

有件事他們還是沒能弄明白，那就是公開露面有三種類型：你花錢買來的、你免費得到的、以及別人花錢請你去的。登廣告是你花錢買來的露面機會，這是一人顧問公司最不感興趣的一種方式。我從未見過有哪個獨立作業的顧問能夠因為登廣告而得到超過一塊錢生意的。

唯一不可省的廣告費用是名片和文具上的花費，以便他人能記得你的地址和電話號碼。每當你有免費公開露面的機會時，可散發

個人的名片，比方說，在專業團體的集會、在你發表演說的場合、與你同飛機的旅客等。如果你稍具生意頭腦，並決心每週要花一天的時間去公開露個面的話，你必定會找到這些免費的機會。

如果你的生意頭腦更發達一點，你會設法找些有出席費可拿的公開露面機會。如果你練就了說話的技巧，有許多的團體會願意花錢請你去演講。如果你磨鍊好寫作的功夫，有數百種的雜誌渴望你能多多投稿。只是務必要他們在文末附上你的聯絡地址。如果你培養好訓練的技巧，不妨辦幾場專題研討會，屆時人們會花錢來見識你的才華。

許多顧問都發現，他們的行銷活動到了日後會成為他們主要的收入來源。即使不是這樣，由這些活動而得到的收入，往往會在正常顧問工作的收入之外，另外自成一個循環週期。我就發現，當顧問工作的生意陷入不景氣的時候，我從寫書所得到的版稅反而大增。或許書是窮人的顧問。

你有多重要？

我必須向諸位坦承，要花費我許多寶貴時間在公開露面這檔事上，著實令我相當痛苦。我對於遭人拒絕一事非常在乎，尤其是當我費了好大的一番心思來推銷自己，結果別人卻不領情。遇到生意接不完的情況，我樂得將之歸功於我個人做人的成功，而非我在行銷工作上努力的結果。我需要做的不過是保持我做人成功的方式，生意自然就會維持榮景。

正因為我總是不肯面對現實，因此需要「行銷學第四法則」來

提醒我：

客戶對你的重要性永遠超過你對客戶的重要性。

某些我的客戶其公司的規模大到一年所賺的錢就超過一百億美金。如果他們丟給我的一份工作其酬勞有一萬美金之譜，這對我當然已是稱謝不迭的大事，但對他們而言卻是眼皮都懶得眨一下。有一次一個這樣的超重量級客戶連開了兩次四千四百美元的發票給丹妮。丹妮連試了好幾次想要找到一個人肯相信他們真的錯付了兩次錢，不過，他們告訴丹妮說為了讓大家的日子都好過一些，她最好就把錢收下。他們的公司已大到無法處理金額這麼小的退款，但是丹妮的營業額卻小到吃不下這筆天上掉下來的橫財。於是，她在下次的帳單中扣除了這筆費用。

我還遇到一個客戶，在他們打算將我從其預算中刪除時，誠心誠意地來函通知我，說我是「他們聘請過的顧問中最好的」；原來是該公司某高層下令全公司的費用一律要刪減 0.2%，而刪除任何一種費用都比不上刪除外聘顧問的費用來得容易。

除了我個人表現的好壞之外，我曾因各種千奇百怪的理由而丟掉過許多「固若金湯」的合約。有一家公司將我客戶所屬單位的業務遷移到國外。另一家公司將原本與我接頭的經理調職到國外，而新上任的經理則帶來他自己慣用的顧問。有一家公司中斷了我的合約，原因是公司新近規定要中止所有金額不足五千美金的合約（因為此類合約管理起來甚為麻煩）。我立刻想要提高我的顧問費，但已經來不及了。不論是哪一種情況，客戶都對我深表遺憾，但是沒

有誰的遺憾比我還深。

　　換句話說，不論你目前的生意看來有多麼安穩，最好能遵守「平均每週要花一天的時間在公開露面上」這條法則。只消兩通電話再加上一封信，就可決定你是在五星級大飯店裏吃高級大餐，還是到救世軍的食物施捨站去排隊。

大客戶

　　我曾經在一天之內因為兩通電話再加上一封信，就丟掉了我三分之一的生意，這可一點也不誇張。別的顧問還碰到過比我更慘的遭遇，接完一通電話後，他就丟掉了全部的生意。因為他們掉進了所有做顧問的人都容易掉進去的陷阱：讓單一的客戶日益坐大，直到他們的生意所佔的份量大到一旦你失去了那個客戶就無以為生的地步。職是之故，我們總是會勸告做顧問的人要遵循「行銷學第五法則」的教誨：

千萬不可讓單一客戶超過你生意量的四分之一。

有十幾種方法可讓你的顧問業務陷入由單一客戶獨霸的不健康形勢。方法之一就是去當公司的內部顧問，也就是去當個領死薪水的員工。即使是在公司裏當個小員工，比起生意百分之百來自同一個客戶的外部顧問，還是有許多後者所沒有的好處。他們可以享受員工福利和相當程度的工作保障。即便如此，內部顧問還是得注意「行銷學第五法則」，不要讓自己在公司裏只有單一的扶養人。

　　有些顧問的生意起初是來自單一的客戶，而且從來不去開發第

二個客戶。我的朋友衛斯理將他一半的工作時間留給好幾個小客戶，某天有一個小客戶突然要給他一個為期兩年的全職顧問的機會。他的收入可立即加倍的誘惑矇蔽了他的理智，使他難逃合約期滿之後連續兩年找不到工作的惡果。一如當初所料，在全職工作的期間，衛斯理切斷了所有與外界的關係，以致最終不得不另謀生路——此後，他再也無法重回顧問這一行。

　　阿諾的慘痛經驗更具有代表性。他原本有六個絕佳的客戶，口袋裏還藏了幾個形勢大好的潛在客戶，隨時可做為替補。但是，有個客戶剛跟他說後會有期後，另一個客戶立刻要求增加他的顧問時間。現在他有五個客戶；幾個月之後，同樣的情況又發生一次，而他還有四個客戶。到後來，再減為三個。當貢獻他總收入百分之四十五的那個客戶也宣佈不玩了，他就撐不下去了。如今，他在賣房地產。

琳的生活法則

　　假使阿諾在銀行戶頭裏有多一點的存款，或許他可以撐得久一些，直到他又找到兩個新客戶，但是如同許多顧問一般，他沒有儲蓄的習慣。多數人可以靠目前收入的四分之三無限期地過下去，這是本法則主張不可有任何客戶超過總收入四分之一的主因。但是金錢上的理由還不足以說明全貌。

　　當阿諾一步一步慢慢走到客戶越來越少的困境，每一個客戶都變得非常關鍵。若是其中有一個客戶要求他增加顧問的時數，他知道本該予以婉拒，但是他怕這麼做會失去那個客戶所有的生意。一

且你不敢對你的客戶說不，你就失去了成為一個好顧問的能力。你也失去了客戶對你的尊重，這會大大增加你終將失去這筆生意的機會。

　　正如我那位擔任顧問的朋友琳・葛萊姆斯（Lynne Grimes）所說的：

> 「凡做顧問的人，為了能夠對自己說『是』，就要能對任何一個客戶說『不』。」

這條法則的重要性遠超過只談行銷學的法則，因而我稱之為「琳的生活法則」。

行銷學法則續篇

滿意的客戶

　　「行銷學第五法則」並非在告誡你要把客戶趕走。完全相反。經由遵照此法則──甚而至於經由遵照「琳的生活法則」──即可確保你能保持客戶對你的尊重。這樣的尊重是極其重要的，因為「行銷學第六法則」說：

> 最好的行銷利器就是滿意的客戶。

首先，如果你能做好你份內的工作，既有的客戶比起一個你完全不認識的人，在成為你頗具潛力的未來客戶一事上，要強過二十倍。然而，你若一心想要把自己推銷給一個你完全不認識的人，有具體

的介紹人將可使你得到合約的機會增加三倍。這是為什麼我總是設法去爭取一個滿意的客戶，同意當我的介紹人。

不過，客戶因對我的服務滿意而樂於替我推銷的各種方式中，這種直接的介紹人是影響力最小的一種。客戶某甲打電話給我的原因，是有一個客戶在一場橄欖球賽中免費向他提到了我的名字。客戶某乙來找我的原因，是他七年前任職的公司曾找我去為該公司做過一次總體檢。他對我當時的工作表現印象深刻，如今他所負責的部門也要做個總體檢，而他對我就不作第二人想。

有一次丹妮因雙重間接的介紹人而得到一次顧問的機會。客戶某丙把生意給了她，原因是有個顧問大力推薦她。這位顧問曾與她從前的某位客戶有個共事的機會，後者對她的表現讚不絕口，於是他毫不猶豫就把她的名字給了客戶某丙。

過去，我經常會感到困惑，不知道為什麼我會突然接到這麼多通電話。近年來，我會習慣性地向打電話來的人探詢，他們從何得知我的名字。答案有助於我了解行銷學（例如我目前的生意有九成是直接或間接地來自滿意的客戶這個事實），但同樣重要的是，這也讓我可以感激一下那些推薦我的人。

把它捐出來

不過，什麼才是得到滿意客戶的最佳途徑呢？雖然方法有數十種之多，但其中的幾種我們卻經常會反其道而行，因此將其位階提升為行銷學的法則，會大有益處。最重要的是，能體認顧問是一個高風險的行業。一個絕妙的點子可能讓你如麥達斯[1]一般的富裕，

但是下一個絕妙的點子卻可能將你點石成金的魔力轉到別人身上，因而使你驟然落入了赤貧。這可不是一個膽子小的人敢玩的行業。一旦失去了勇氣，你將不再投資於新點子的開發，而只想全力從你的前一個好點子搾取出最大的回報。不過，一旦你死守著單一的點子不放，那麼你做顧問的日子也屈指可數了。點子是很容易就被人偷走的。

對你個人而言，幹這一行的一大缺點是：你遲早非得跟律師打交道不可。一般做員工的大多無須為了公事跟律師打交道，但是獨立的顧問卻大有此必要。律師的那些把戲需要慢慢地才能習慣，但是我的運氣很好，有一個當律師的姊姊夏綠蒂（馬文的老婆），因此我不必經歷法學院的折磨就可成為法律方面的權威。

我當然可以號稱是法律方面的權威，因為經常會有顧問向我請教控告客戶偷了他們點子的官司是否有勝算。我總是向他們解釋，雖然他們可以愛告誰就告誰，但何不將寶貴的資源投資在新點子上，所得的回報將千百倍於將相等的投資耗費在訴訟上。旁觀者很容易就可看出這個道理，不過萬一點子被偷的人是你，就很難忍得下這口氣了。我的感覺會如同真的被人搶了、騙了、背叛了一般。而這些憤怒的情緒會把我持續創新的能力摧毀殆盡，因此訴訟似乎是我唯一合理的選擇。

曾經有一個很重要的客戶把我尚未發表的一篇文章整篇盜用，

---

1 譯註：Midas 是希臘神話中 Phrygia 的國王，向酒神 Dionysus 求得點物成金的法術。

並印刷成冊，且未註明出處。我向夏綠蒂請教該怎麼辦，她向我打包票我的案子在法庭上一定可以勝訴──而我去控告一個好客戶是一件極其愚蠢的事。

　　有的時候，犯規與否的界線不太容易分清楚：舉例而言，有人抄襲你某段有趣的小故事或某一張圖表，或許在部分的細節上稍事修改；有的時候，被盜用的只是一個點子，不過其敘述和表達的語氣好像是他自己原創的。即便如此，我的第一反應是憤怒，會有非告死這些可惡傢伙不可的衝動。

　　慢慢地我體會出我的憤怒其實是某種其他東西的表象──一種強烈的自我能力不足的恐懼。我害怕自己不再擁有想出新點子的才智。不思以創造出一堆新點子做為回應，我開始拼命尋找能保護我已想出點子的方法。簡而言之，我失去了勇氣。

　　我不怯於承認有時我會失去勇氣。當你得使盡吃奶的力氣拼命地跑才能保持領先的地位，有時你會感到已跑得太累了，這並不是什麼可恥的事。每一個顧問遲早都要去面對一種心情，那就是暫時想要停下腳步來，緬懷一下昔日的榮耀。每當我產生這樣的情緒時，我會感到害怕、生氣，以致無法再想出新點子。於是，我會休息一下，做些新鮮的事，最後再重回工作的崗位。

　　我身處的是靠點子吃飯的行業，而非靠打官司維生的行業。我最大的收入來源是能想出新點子，而非緊抓住已完成且已過氣的東西不放。我提醒我自己，正如亞里斯多德所說的：「不是一次，不是兩次，而是無數次，相同的點子會在這個世界上出現。」當初，我的點子就不是史上的第一個創見。它只不過是我從別人那兒「借

來」，再偷偷地加以修改而成的。

昔日的榮耀是未來的墳墓。為了不讓昔日的榮耀把我埋葬，我設法能遵循「行銷學第七法則」：

把你最好的點子捐出來。

我竭盡所能地鼓勵我的客戶不用客氣地將我做出來的成果全盤接收。他們通常會把功勞記在我的頭上，即使沒有，他們也會欣賞我的慷慨作風。這一切都會增加他們把未來的生意交給我的機會，或者，把我推薦給其他人。

鄧肯・海恩斯的不同點

然而，對客戶施惠過多也可能會對你的生意有害。第二次世界大戰結束後不久，紙盒裝現成的蛋糕粉剛剛新上市，我和魯迪以及大頭菜都在希爾曼超市工作，我還記得我發現從來不需要補蛋糕粉的新貨。蛋糕粉的包裝盒就一直躺在售物架上，和大頭菜的命運一樣，無人理睬。在那兒積灰塵。

然後，鄧肯・海恩斯（Duncan Hines）出現了。他的名字在餐飲業的評鑑界非常響亮，把它印在蛋糕粉的包裝盒上似乎具有神奇的效果。當其他廠牌的灰塵越積越厚，鄧肯・海恩斯的蛋糕粉卻每天都要補個兩到三次的貨。一般的家庭主婦為什麼會被一個餐飲業的評鑑家給迷倒呢？

直到後來我才明白，鄧肯・海恩斯的做法抓住了家庭主婦的心理，這是他所有的競爭者都忽略掉的一件小事。早期的蛋糕粉所強

調的是簡單和方便：再也沒有比這更簡單的做蛋糕法了——你需要的只是加點水、送進烤箱就了事。但海恩斯認為這樣的方式過分地容易。如果烤蛋糕這麼偉大的工作被簡化到只要加水即可，這會讓一般的家庭主婦感到她這「家中蛋糕師傅」的角色受到了侮辱。這根本稱不上是自家烘焙的技術。

於是鄧肯‧海恩斯增加了一點製作的難度。用他的蛋糕粉來做蛋糕，你還得打個蛋——一個髒西西、滑溜溜、黏糊糊、白白黃黃、道道地地的雞蛋！哎呀，你看，不知何故，就這麼一個小小的雞蛋卻使得主婦與蛋糕之間產生了聯結，那是只有加點水所無法產生的一種關係。在剛用完正餐，把蛋糕端到家人面前的那一刻，她才能理直氣壯地回答，「是的，這是我自己做的。」

鄧肯‧海恩斯的發現，就是「行銷學第八法則」，亦可稱之為「鄧肯‧海恩斯的不同點」：

由你自己加個蛋，味道會更好。

會造成不同的那一個「雞蛋」幾乎可以是任何一種東西，只要那個東西是由消費者親自貢獻的即可。

賀卡業者將「鄧肯‧海恩斯的不同點」稍加修飾，需要消費者貢獻的是他本人的決定。在賀卡的廣告中，母親會說：「唉唷，湯米，這張卡片全是你自己選的嗎？為我選的？」湯米則面露得意之色，好像卡片上的圖全是他畫的，詩全是他寫的似的。只要卡片是他親自選的，這就變成了他的卡片。

「鄧肯‧海恩斯的不同點」可用來解釋，為什麼那些迫切需要

生意的顧問反而經常會把客戶給嚇跑了。無論何時，只要我過於急切地想要推銷自己，我就會急於為每一個問題都找到答案。忽視「鄧肯‧海恩斯的不同點」的結果，是我把客戶想要親手解決他們自身問題的機會都斷絕了。我若是找不到答案，會讓自己顯得愚蠢，這已經夠糟糕了。我若是找到答案，則會讓客戶感到自己愚蠢，那就更加不妙了。

無所事事就是做事

在此我想把有關行銷工作的所有忠告一股腦全都傳授給你，丹妮卻提醒我，這麼一來的話就正好違反了第八法則。因此，容我有所保留，讓你自己能加個蛋 ——「行銷學第九法則」：

你至少要有四分之一的時間是花在無所事事上。

此處所說的「無所事事」，是不要去做任何可向客戶收錢的事、不要出去拋頭露面、不要去做辦公室裏的行政管理工作。除此之外，你愛把時間花在別的什麼事上都隨你高興，而這就是那一個雞蛋，可讓你愛死了我的忠告。

無所事事怎會成了重要的行銷利器呢？茲列舉我的理由如下，你大可再加上你自己的理由：

- 如果你的時間已經排得滿滿的，會使你無法站穩有利的位置，好好把握那突如其來的新的生意機會。
- 雖然你不希望對目前客戶的每一項吩咐都要立即做回應，但

你服務的重點就是能對真正緊急的狀況迅速地做出反應。

- 身為人，你難免會有不如意，像是暴風雪以及摔斷腿之類的，如果你的時程中完全不留餘裕的話，會使你無法履行你的承諾。
- 你本人是你唯一的產品：沒有空閒的時間讓自己喘口氣的話，很快地你不是心力交瘁就是想不出新的點子。不論是哪一種情況，你都無法把自己再推銷出去。
- 練習偶爾無所事事，有助於你學會不要給客戶過多的東西。

但是，你可有本錢花這麼多的時間在「無所事事」上嗎？如果你是拿人薪水的或是有許多員工在為你賺錢的，當然你就有這樣的本錢。如果你是替自己工作的，那麼你就沒這樣的本錢——除非你定出適當的服務費用。

先讓我們來做個概略的估算。你若是將四分之一的時間分配給行銷工作，另外的四分之一留作空檔，則你可以收費的時間只有你實際工作時間的一半。繼續算下去，假設你賺來的錢當中有一半要花在行政事務的開銷上，此外你還需要另外保留兩成的金額充作應急的準備金，結果是你向客戶收取的費用必須是你原定薪水的五倍。換句話說，如果你想要一整年每個小時的淨所得是五塊錢美金，那就得向客戶收取每小時二十五美金的顧問費。如果你想要每天有兩百塊美金的收入，那麼你得向客戶收取每天一千美金的顧問費。

如果你自認無法以五倍的顧問費把自己銷售出去，那麼你就入錯了行，因為你的顧問費若是少於這個數字，你終究會很快就沒有

生意可做。

為品質而行銷

接著在此要複習一下行銷學的前九個法則：

1. 顧問會處於兩種狀態下：狀態閒（太閒）或狀態忙（太忙）。
2. 找到客戶最好的方法是先有一些客戶。
3. 每週至少要花一天的時間在公開露面這件事上。
4. 客戶對你的重要性永遠超過你對客戶的重要性。
5. 千萬不可讓單一客戶超過你生意量的四分之一。
6. 最好的行銷利器就是滿意的客戶。
7. 把你最好的點子捐出來。
8. 由你自己加個蛋，味道會更好。
9. 你至少要有四分之一的時間是花在無所事事上。

這些法則告訴你如何去找到新客戶，以及如何保住你既有的客戶。如果你能成功地運用這些法則，你將會有做不完的生意：狀態忙。但是生意太多的話，往往會使你無暇顧及行銷工作，結果你將會像希臘神話中的薛西弗斯[2]一樣，受到永恆的懲罰，石頭推上山旋即

---

2 譯註： Sisypus 是希臘神話中 Corinth 的國王，生性邪惡，死後墮入地獄，被罰推石上山，但石近山頂時又會滾下，如此不斷地反覆這個刑罰。

滾下山，落入週而復始的挫折之中。

　　我的姊姊夏綠蒂經過了多年的奮鬥才成為一個律師，然後成為一個成功的律師，然後成為一個狀態忙的律師。某一天，有個客戶（是一樁利潤很高的離婚官司中的丈夫）給了她一份共同財產以及如何分配的詳細清冊。讀這份清單的時候，她的視線停留在下面這個項目上：

　　說明：歡樂牌洗碗精，中瓶
　　狀況：三分之一滿
　　位置：廚房水槽下方
　　處置：丈夫

在那一刻，夏綠蒂決定以後再也不接離婚的官司。

　　如同夏綠蒂或任何草創事業的人一般，至今我們工作的態度仍是假設行銷的目的是為了得到更多的生意。雖然這個假設對新手來說是正確的，但是略有經驗的顧問則會有不同的看法，如同「行銷學第十法則」所要表達的：

　　為了品質而行銷，不可為了數量。

　　我特稱之為「夏綠蒂法則」，而其重要性或許超過所有的「馬文的醫學大祕密」以及其他九條「行銷學法則」加起來的總和。不管你是律師、組織的顧問、還是技術專家，你最終會到達的狀態，不是狀態閒，就是狀態忙。你若在狀態閒停留了一段很長的時間，你會被迫離開這個行業。然而，你若能停留在狀態忙，你會發現自

己變得愈來愈有錢。不過，對於多數的有錢人來說，金錢是令人望之生厭的東西。

　　某一天，一瓶用過的歡樂牌洗碗精會驟然使你從為了賺到更多錢而不斷推銷自己的狂熱中驚醒過來。在那短暫的瞬間，你會自問：「我為的就是這些嗎？」就在那一刻，你行銷工作的目的會從「我要如何抓到更多的生意」轉變成「這真的是我想做的嗎？」。

　　從那一刻起，你也朝「我該怎麼辦才能做些真正值得去做的事情」邁出了一小步。這些行銷學的法則表面上看來很怪，更怪的是這些法則會讓你變得更快樂，更甚於會讓你變得更富有。

12 為你的腦袋訂個價錢

putting a price on your head

如果他們不喜歡你的工作表現，就不要收他們的錢。

——定價第六法則

奧斯卡‧王爾德（Oscar Wilde）曾說，對每一樣東西人們都知其價格卻不知其價值。然而，自王爾德的年代以降，情況日益惡化。時至今日，人們甚至連他們自身的價格都不知道。不說別人，我們做顧問的人就弄不太清楚。在這個世界上容或有顧問能夠對自己所訂的價格是否恰當從未有過懷疑，可惜這樣的顧問我還從未遇到。

正因為這樣的懷疑普遍存在，使得在一本直接針對顧問而寫的書中，價格這個主題是絕對不可或缺的。不過，要露骨地談這個主題可是要擔很大的風險，因為有很多顧問會認為滿口談錢會有辱他們的身分。而在本書中來談錢，我要擔的風險當然就是：可能會把讀者全給嚇跑了。若只是訂出一個死板的公式，好比「五乘以你想要的時薪」，大家或許還能接受，但若更進一步，提供許多有關價格方面的忠告，那就絕對會讓讀者覺得我這個人缺乏品味。

不過，本書既然寫到了這裏，我想現在才來顧忌有沒有品味已嫌太遲。因此，你可將本書偷偷加上一個純咖啡色的封套，再繼續往下看吧，因為接下來的幾個章節中所列的那些法則，全部都是在討論所有的主題中最俗不可耐的一個：顧問工作的價格。

性與定價第一法則

我自幼在美國的中西部成長，成年後才搬到加州居住。那已是多年前的事了，但我還記得初到加州時帶給我的震撼。除了大海、氣候、交通、煙霧之外，最讓我感到震撼的就是當地人對於禁忌話

題的處理方式──好比住在我家隔壁的鄰居格麗塔，就是一個很好的例子。格麗塔的性生活如何，我隔著石膏板牆壁所聽不出來的細節，她全都會在她家的陽台前公開談論。但這還不稀奇。格麗塔在一家化妝品公司任職，對於透露「皮膚業」的祕密有極大的興趣，「皮膚業」是她的用語。我記得有一天她說了一個有關定價策略的故事，聽得我臉紅心跳。在美國南部保守的「聖經地帶」，一般純樸的百姓是決計不會與人談論這方面的事情。

　　格麗塔講的故事是有關她的公司在全國各商店中所大力促銷的一種新式口紅。口紅的價格就訂在頗具競爭力的一塊錢美金，但結果卻是一敗塗地。雖緊急將口紅撤櫃，但是已有一大堆的貨品都變成了庫存，她的公司只有認賠了事。不久，有個傢伙想出了一個妙點子，將口紅的價格拉高到五塊錢美金，為的是可在高級的店面中販售。這套行銷的手法立刻獲得了出奇的成功，不到兩週的時間全部的庫存即告消化完畢。

　　為什麼一個簡單的定價手法的改變，會造成人們如此瘋狂的反應呢？價格的設定，和「性」有某方面的類似，都是要關上門才能做的一椿極其私密的事，會耗費許多的體力，但其結果如何卻無人能逆料。此外，性會讓人神魂顛倒的原因，在於在同一個時間內，它對不同的人代表了不同的意義。它同時可以是繁衍後代的一個方法、愛的一種表達、攫取權力和控制別人的一個手段、肉體的一種運動、憑運氣來定勝負的一種刺激性遊戲（一如擲骰子或賭輪盤）、商業上的一個交易、自我價值的一種肯定、以及由性本身所帶來的一種無窮的歡愉。除了肉體的運動之外，前述的每一項皆可

用來描述顧問為其服務所訂的價格。因此,「定價第一法則」是這麼說的:

定價工作有許多的功能,金錢的交換只是其中之一。

正如我們即將會看到的,如果思考的焦點全放在金錢上,很有可能你會訂出一個錯誤的價格。

形象與定價第二法則

　　一塊錢美金賣不出去的口紅,改成五塊錢美金卻造成搶購,這正是某些顧問所用的心理戰術。如果你把自己包裝成一個世界級的頂尖權威,但所收取的顧問費卻極其低廉,你傳達給客戶的是一個完全自相矛盾的訊息。客戶要經歷各式各樣的心理壓力,這些壓力來自冒險找了一個外人來當顧問、完全違反他們的本能、以及完全不顧他們自尊心要得到滿足的需求,而能夠恢復他們自信心的最卑微要求,不過是他們請來的顧問得要是可請到的顧問中最好的一個。用最低的顧問費是絕無可能請到最好的顧問的。或者換個角度來看,他們會有這樣的想法,那是因為「定價第二法則」如是說:

他們付給你的錢愈多,他們就愈崇拜你。

　　在一定的範圍內,你的價格愈高,能夠得到的生意就愈多。當然,價格若是一味地抬高,終究會讓客戶卻步而不敢來聘請你。即使他們仍視你為最佳的人選,但你得不到這筆生意。

　　你亦可降價以求得到這筆生意，但是不要忘了，「定價第二法則」還有另外一種表達法：

他們付給你的錢愈少，他們就愈不尊重你。

有時我也樂於行善，好比到大學演講之類的。這類免費、以演說為主的活動，與那些有我平常顧問費兩倍之多的演講活動相較，所耗費的時間是兩倍，所吃的苦頭是十倍。在演講之前，大學裏至少會派三個不同的人打電話來，叮囑我到了校園之後該做些什麼等相關事宜——而三個人給我的任務指示完全不同。當我好不容易搞清楚我此行的任務後，我會要求主辦單位將我任務的細節以書面的方式與我再確認一次，而此確認的資料也非得拖到最後一刻方能到手，而且當初談妥的約定無一例外地總是會有更改。這些年來，我愈來愈相信，各個大學以及其他的非營利機構，將其三分之二的人力投注於確保其餘三分之一的人絕不會萌生出任何嶄新的想法。我是一個滿腦子裝著新想法的外來客，不曾長期在這種經過徹底消毒的環境中工作以清除我身上的毒素，因此我對他們的威脅特別大。

　　呈鮮明對比的，是某一機構若樂於支付我一個高得離譜的價格時，承辦的人一定會對我說：「你愛怎麼做就怎麼做。不管你給我們什麼，我們都會欣然接受。」正因為價格實在是太高了，高到客戶會認為知道他們應該得到什麼的人只有我。此外，因為我顯然是一個非常重要的人物，所有的工作細節他們都會安排得既迅速又確實，而且都是以我方便為原則。

　　由這些個人的觀察可知，價格可當作一個重要的過濾裝置，而

實際上通常也是如此。當你開出一個你認為符合你身價的價格，而你潛在的客戶嫌你的要價太高了，你若因此就把價格降為他們心目中的數字，我敢跟你打賭，他們對你的尊重將會蕩然無存。但是，問題還不止這一個：因為這些潛在的客戶並不相信你值得你所開出的顧問費，他們會想盡辦法去找些徒勞無功的事來填滿你的時間。一旦你抵達他們的公司，將會受到意興闌珊的招待，單單這一點就會令人非常沮喪，但更嚴重的是，通常這是個訊號，表示客戶絕對不會照你的建議去做。因此，在某種意義上來看，這些潛在的客戶也沒錯：你值不了多少錢——對他們而言。這正是為什麼你不該為不願支付正常價格的那些客戶工作。

不只是錢而已：定價第三法則

假設有一個機構確實毫無可能達到你正常顧問費的範圍，但你還是很想做成這筆生意，也不要因「定價第二法則」而讓你卻步：你仍然可藉著訂出恰當的價格而博得客戶的尊重。你只要記得「定價第三法則」：

金錢通常只佔價格中最小的一部分。

這條法則對於內部顧問尤為重要，一個拿固定薪水的員工得到的尊重有可能並不亞於一個從外面高價請來的權威。

對於一個正在利用你所提供的服務的客戶，若攤開其所有的「成本」詳加檢視，你會發現除了金錢外還有許多其他方面的支

出。為了承認自己有問題，要付出心理受傷的代價，為了爭取上級同意你的來訪，要耗費不少的心力，為了更改時程，要克服萬難，為了讓同事排好隊伍一個一個與你見面，則是一件耗時費事的苦差事，再加上在你離開以後，可能還會留下一大堆善後工作要客戶自己來處理。

當你慫恿客戶要為對他們有價值的事而付出一些代價時，你實際上已經把價格提高了，即使錢不是進了你的口袋。如果他們下了不少的工夫來爭取你出馬相助，那麼一旦得到你的首肯，他們對你必然會言聽計從。事實全貌的另外一面是：你會在無意間把價格拉高到超出了客戶願意支付的程度，雖然實際上牽涉到的金額並沒有多少。

替代性的費用：定價第四法則

明瞭了「價格不只是與錢有關」這個道理，你可以有更多的方式來增加你的酬勞，卻不致增加客戶要支付的費用。身為一個作者，我增加的收入通常來自拜訪客戶時順便推銷我的書。身為一個顧問，我有時可利用顧問業務所帶來的一些好處，比方說：安排順道與當地潛在的客戶聯繫、可利用客戶的電腦資源、可利用客戶的圖書設備等。這些好處內部顧問大多隨手可得，對論時計費的顧問則是彌足珍貴。

身為一個觀光客，我經常不用花一毛錢就可以到一個我夢寐以求的地方去旅行。如果我能騰出一天的空檔或趁著週末得閒，我時

常拜託客戶帶我到附近觀光攬勝一番。不但賓主盡歡，又可強化彼此的關係，也增長了我不少的見聞。大學對於這方面是最在行的了，通常他們會找幾個研究生帶我四處逛逛。比起教授，與研究生同遊要有趣得多，他們通常也比較知道有趣好玩的地方在哪裏。

如果你安排得宜，拜訪一所大學也可對你的專業知識大有助益，遠遠超過任何的顧問費。如果你安排不當，你就只是被人利用，搾乾你所擁有的知識，受到無禮或無人理睬的對待，然後被人丟在一邊，得自己去找到回機場的路，邊走邊發誓以後再也不去任何的大學了。

我把顧問工作看成是有人給你錢讓你去受教育的一個途徑，而這等好事又有哪裏能比得上大學呢？若能安排與學校裏優秀的人稍微聊一聊，我就能迅速汲取到該校的精華，還不需另外再付錢哩。奇怪的是，學校裏的人大多認為此類的訪問對他們是一項額外的福利，而不是額外的負擔，這就可充分證明「定價第四法則」：

定價並不是一場零和遊戲。

換言之，我的得利並不必然會造成他們的損失。若能找出雙贏的情況，我就可以把成交的價格壓低，又不致有損我在他們心中的形象，如此一來就可打敗「我要的價愈低，他們會愈不把我當回事」的法則。舉例而言，大學可特別安排一群聽眾，讓我可以利用他們來測試我的一些新想法。我視所有的聽眾為我實驗的對象，而聽眾則當作自己是與聞了一門最先進的學問。

有時，客戶實際上成為我實驗的對象而不自知，例如，填寫我

的調查問卷。他們若是沒有足額支付我正常的顧問費，那麼找他們權充我實驗的對象，會讓我覺得心裏舒坦一點，即使往往有不少全額付費的客戶，還會以能參加我的實驗而感到與有榮焉。實際上，即使對那些甘心全額付費的客戶，我也盡量設法將此種額外的「福利」全套加進我的顧問合約中；他們非常高興我願意來當他們的顧問，並且會毫不猶豫地依照我的要求行事。此外，這對他們還有額外的好處。

金錢的需求與定價第五法則

以上所言在在都可證明，為能定出一個恰當的顧問費，你必須從根本來做起，也就是說先要知道你收取那樣的顧問費所要努力達成的目標是什麼。多數的人在決定顧問費的多寡時，所想到的只有是否足夠支應自己的生活。這是一個很大的錯誤，而且違反了「定價第五法則」：

如果你非常需要這筆錢，請不要接這份工作。

為什麼不要接呢？你若急需這筆錢，就會訂出一個高價格，以期藉著這份工作來增加自己的償債能力。或是訂出一個低價格，以期能用低價搶得這次的工作機會。兩者皆有損於價格對你的顧問工作所能發揮的效益。

無論是何者，如果你迫切地需要這份工作，反而會使你不大可能得到它，因為在這種壓力之下來與客戶談條件，會讓你的焦慮顯

露無遺。如此一來，客戶會有充分的理由想說：如此急著要做成這筆生意的顧問，絕對不會是一個好顧問。況且，你也不要想得太天真。你的焦慮總是會顯露出來。你大可去問任何一位房地產的掮客。或許你的客戶無法清楚地說出是什麼因素讓他們覺得不對勁，不過他們會說出來的理由一定是你無法激起他們的信心。或者，他們會說你似乎權威感略嫌不足。總之，客戶遲早會察覺出來。

即使你有幸爭取到了這次的工作，仍無法扭轉頹勢。假設你把價格訂得很高，期望能獲取豐厚的報酬。後來，你會因自覺價格實在過高，而在所要提供的服務內容上添加一些浮誇不實的承諾。假設你把價格訂得太低，雖做成了買賣也對你的財務問題沒有幫助。因此，下次再到談價格的時候，你的困境依然。

顧問費當作是回饋：定價第六法則

如果你非常渴望能做成這筆生意的話，最佳策略就是提供免費的服務。大大方方地坦承你只是初試身手，還有許多需要學習的地方，所以你不必隱瞞任何事。有些客戶會因欣賞這種坦誠的態度，而願意給你一試身手的機會。

另外還有一種可能的交易方式，就是你的服務是否要收費，端賴客戶是否對你工作的表現完全滿意。這是我常用的一個方法，不過我是以較為正面的說法來表達這個意思。不論我做什麼，當我與客戶共同完成後，我會向客戶說明，他們若是認為我的貢獻不值我所收取的顧問費，他們大可把錢要回去。

　　如果你需錢孔急，要商談出這種有附帶條件的顧問費就很困難。也就是說，想誠心誠意地做出這樣的提議是很困難的事。你會忍不住故意跳過該有的保證，不過，你若誠心誠意地提出保證，你將會激起客戶對你相當程度的信心。

　　更重要的，你將會激起對你自己的信心。在你工作完成後，客戶若是沒有把錢要回去，你就知道你的表現至少已達到了某個水準。如果當初合約的條件談得恰當，而且該做的事你也都辦到了的話，對於你的表現如何應已由客戶那兒得到了直接的反應。但是，拿顧問費（而且是符合條件才須付錢的顧問費）來做為客戶反應的判準的話，要比所有你可能想到的評鑑方式都要現實得多。單憑這個理由，我就願意為「定價第六法則」來背書：

　　如果他們不喜歡你的工作表現，就不要收他們的錢。

特殊效果的費用與定價第七法則

　　價格不只是金錢而已，但下面這句話也成立：

　　金錢不只是價格而已。

「定價第七法則」的涵義是，你可以利用金錢的交換創造出能讓顧問工作成功所必需的有利情況。比方說，起初客戶要求我堅守住某個日期，但後來又改變心意，則我可以理直氣壯地要求追加一筆費用，以彌補我生意上可能的損失，還不得要求退費。收取這樣的費

用亦可迫使客戶在考慮合約時更加謹慎，並對我的時間所代表的價值予以尊重。

如果我與客戶第一次碰面的時間，還在久遠之後的未來，不到我真的出現在客戶面前，是不會有人先做任何的準備。為了克服這重障礙，我的辦法是在合約上加註預付款的條件，通常這會使客戶產生動機，立刻開始動起來。要直到給了顧問費，人們才會在心理上有開工了的感覺，而比較可能進入蓄勢待發的情緒，對於我所提出的建議才會有遵照辦理的意願。

客戶希望我要辦到的事，如果我自己沒什麼把握，我會分階段來收取顧問費。這樣的做法使雙方都有機會隨著專案的發展而隨時可以喊停，又不致將專案的中止視為個人的挫敗。這類專案第一階段的工作量約為全部經費預估值的百分之五，屆時再根據第一階段的結果來考慮下一階段該做什麼。訂出一個分階段收取的顧問費，傳達給客戶的訊息是，我自己對問題全貌的了解還沒什麼把握。遇此情況，通常第一階段的目標是放在將問題清楚地定義出來。如果我還不知道問題是什麼，我就無法報出價格，對此多數的客戶都能夠認同。

談判與定價第八法則

我們已經知道，價格這個東西不是你關起門來自己一個人就可以決定，而「定價第八法則」把這層意思說得更明白：

價格不是一個死的東西；而是一個談判出來的關係。

只要肯投資少許的金錢去買一本有關談判的好書，所得到的回報將超過數百倍之多，這對絕大多數的顧問而言都可適用。以我自己為例，我將本書和我所有合約的談判工作都交給朱蒂來負責，她是我的事務所經理，我得到的回報就更大了。朱蒂天生就是一個比我強得多的談判高手。更重要的是，她覺得替我的服務找出價值之所在，是件輕而易舉的事，甚至比我本人還要了解。這使她在客戶的面前散發出一種自信的風采，連帶地使談出來的成交價，比起我本人敢放心大膽開口的價格，還要多出個百分之十到二十哩。

有朱蒂出面代表我來談判，也意味著所有達成的協議都會鉅細靡遺地記載下來，讓客戶知道。這麼做可避免發生誤會。由我親自出馬來談的話，經常會忘了要把結果記下來，或要在事後追補一份書面紀錄。朱蒂從來不會漏掉這個動作，而她的勤勉替我省去了無數的麻煩和誤會。

透過朱蒂來處理談判的事宜，也有助於我將我對於顧問費所有的感覺和所懷的假設都弄得更清楚一些。每當我要推出一種新型的顧問方式，朱蒂會和我坐下來討論該如何訂定費率。這個過程會強迫我將心中的想法和盤托出。也迫使我在做決定之前能多花些時間好好想想，而不要在倉促間下決定，以免日後悔之晚矣。

絕不後悔原則：定價第九法則

藉著與朱蒂一起討論，讓我悟出了一個原則，如今凡有新的案例我都是利用此原則來訂費率。我稱此「定價第九法則」為我的

「絕不後悔原則」：

訂出來的價格，無論客戶是否接受，你都不會後悔。

一旦我訂出了一個費率，會有兩種可能的結果：其一是客戶願意接受，我也做到了生意，我就照著那個費率來收錢；另一則是遭到客戶拒絕，我做不成生意，而我也拿不到那筆錢。「定價第九法則」所說的是：我訂出來的費率應該是，不論結果是什麼，我的感受都差不多。

為了能應用「定價第九法則」，我必須先要知道我對於金錢、時間、出差、以及工作的多樣性等，我自己的感受是什麼。舉例來說，假設有個客戶丟給我一個問題，我不是很感興趣。再假設，我最近剛處理過類似的問題，收費是五千美金。我回想起自己對於先前那份工作覺得很不耐煩，也很後悔接了那個案子。

基於這種種不好的回憶，我可能會把接下目前這個工作的價碼提高到七千五百美金。假如客戶接受了，而我又再度感到不耐煩的時候，我能夠對自己說：「好吧，做這件苦差事至少可讓我多賺兩千五百美金。那意味著事成之後我可以休個幾天的假。所以，吃這些苦也值得。」如果客戶回絕了我的報價，我也可以安慰自己說：「好吧，我知道如果我為了較少的錢而接下這差事，案子還沒做完，我就會對這整件事後悔不已了。」

每當我遭到客戶拒絕而後悔自己不該把價格報得太高時，我會設法將之牢記在心，以便下次遇到類似的機會時，我會稍微降價以求。不過，我若是遭到拒絕而絲毫不覺惋惜，我就不會更動我的報

價。到了最後,對於某種類型的工作我會得到一個固定的價格——我樂意去做的一個價格,而低於這個價格將會使我心不甘情不願。

　　當然,我所設定的價格絕對不可違反「將價格當作一個有效的顧問工具」的原則。不論我多麼渴望能做成那筆生意,我絕不會將價格壓到低於會讓客戶尊重我且願意聽我說話的程度。我深知如果我得到了生意的機會卻表現得不好,那麼不管可以賺多少錢,都會令我感到後悔。同樣的,如果我收取的顧問費太高,則我知道自己也不會快樂,因為我會覺得我無法提供客戶與他們的付出等值的東西。過高的價格使我會急於追求一個實際上無法達成的工作成果。這會破壞我顧問工作上的表現,而當我的表現不佳,我就會不快樂。

顧問費當作感覺指標:定價第十法則

　　前一節聽起來可能會太過理性,然而,實際上在決定價格時,我也不會以特別理性的方式來做這類的權衡比較。我只是將某個範圍內的幾個價格列出,然後設想自身的情境是遭到客戶的拒絕而枯坐在家中,或是客戶接受了我的報價而我正忙著工作。當我想像自己正處於這樣的情境時,我會留意自己有何感覺。我發現這些想像出來的感覺,對於指引我找出在真實的情境中我將會做何感想特別有用。一一試過每個價格之後,再根據何者會讓我感到最愉快,我就訂出我的價格。

　　如果整個的程序你聽來還是覺得抓不到重點,可能你需要把所

有的定價法則再複習一遍：

1. 定價工作有許多的功能，金錢的交換只是其中之一。

2. 他們付給你的錢愈多，他們就愈崇拜你。他們付給你的錢愈少，他們就愈不尊重你。

3. 金錢通常只佔價格中最小的一部分。

4. 定價並不是一場零和遊戲。

5. 如果你非常需要這筆錢，請不要接這份工作。

6. 如果他們不喜歡你的工作表現，就不要收他們的錢。

7. 金錢不只是價格而已。

8. 價格不是一個死的東西；而是一個談判出來的關係。

9. 訂出來的價格，無論客戶是否接受，你都不會後悔。

在你細究這些法則之後，將會領悟到它們所談的不是理性，而是情緒。換句話說，所有這九條定價法則的基礎都在於「定價第十法則」：

所有的價格最終都將以感覺為依據，包括你的感覺和他們的感覺。

而重點是，你要留意其他的感覺，比方說，客戶覺得迫切需要的程度為何，以及他們覺得願意為此付出多少的代價。尤其重要的是，你要能明瞭他們覺得你的價值有多少。而最重要的是，你覺得你的價值有多少。

以顧問為例，王爾德的說法是錯的。顧問談到價格的時候會覺

得很頭大,問題出在他們對自己的價值有多少知道得太清楚了。或者,他們暗自會害怕自己知道得太清楚。所以啦,如果你正在為自己的頭腦該訂個怎樣的價錢而煩惱,請你在你的內心深處掂掂自己值多少錢。或許你掂出來的數字不如你的期望。與此相反的,也可能你掂出來的數字會高到讓你自己嚇一大跳。

13 如何贏得他人的信任

how to be trusted

除了你以外，沒有人會在乎你之所以會讓別人失望的理由有多麼的
正當。

——信任第一法則

定價的十大法則告訴我們，價格決定了工作的條件，然而，價格通常無法決定你能否得到生意。顧問是人，而不是商品。豬的排骨看來或許都是一個樣，但是每個顧問之間的差異就決定了誰可以得到工作的機會，也決定了誰可以繼續保有那份工作。有些人會認為，最聰明的那些顧問可以得到絕大多數的工作，不過，在現實的世界中有許多的反證。

印象與信任第一法則

就拿傑兌為例，他是一個絕頂聰明的顧問，但經常說話不算話。因為我們共同承接了幾個顧問案，偶爾我要為他不可靠的行為收拾爛攤子。在一次特別嚴重的事件之後，我為他反覆無常的行為而責備他。他向我保證下次會改進，可是我無法再相信他所說的任何話。「你不相信我嗎？」他問道。

「說老實話，我不相信。」我回答。「我為什麼要相信你呢？過去我已經不知道被你騙了多少次。」

「但是我從來沒有騙過你啊。只是總會有出人意料的事發生，使得我無法照著我的承諾去做罷了。」

「好吧，這理由我還可以接受。這麼說的話，你不算是騙子。」

「那麼，以後你會相信我嘍？」

「你作夢！你是騙子，或只是能力不足，這對我有何區別？甚至你只不過是走霉運？不管是哪一個，我都不敢奢望我們談妥的事

有一半你能做到。」

價格 vs. 信任

傑克是個好人。傑克是個能幹的顧問。多數的時候，我們在工作上的合作關係可以讓彼此互蒙其利。但是，每一次因他偶爾的失誤，使我遭受到的損失，遠超過他在工作上二十次優異表現所能帶給我的好處，而且，即使他在工作上一次良好的表現，也無法去除我心中害怕他下一次會把事情搞砸的陰影。與傑克共事，給我的感覺是自己很容易受傷害，又不知該如何來保護我自己。為此我結束了我們合作的關係。

類似的情節，經常會發生在客戶與顧問間的關係上。按照雪碧的說法，當人們請來一位顧問的時候，經常會感覺自己是脆弱的、容易受傷害。難怪客戶在物色顧問時的首選，是能讓他們覺得不致危害到他們安全的那些人。有心爭取工作機會的顧問應該少花些心思在價格上，而多去了解信任為何物。

解釋的價值

回想我和傑克的關係，我認為傑克一直都沒有真正弄清楚為什麼我會對他不信任。他花了許多唇舌想要讓我相信他不是一個騙子，這個事實告訴我的是他從未理解：他是否說謊，對我一點都不重要。當然啦，這對傑克卻非常重要：被人貼上一個能力不足的標籤，只不過是他辦事能力上的小瑕疵，然而，被人稱為騙子的話，則是對他人格的污辱。此外，傑克並不認為他是真的能力不足。他

認為自己是一個誠實可靠的人，只是不幸被一些騙子、能力不足的
傢伙、和厄運等等拖累罷了。

　　人們對於何謂信任都搞不太清楚，對於別人為什麼不信任自己
更是深感不解，這事說來一點也不奇怪。所謂信任的定義之一是
「堅定地信賴一個人的人格和能力」。這個定義混雜了信任的兩個截
然不同的面貌，因而很難把這句話詮釋清楚。「我不信任你」這句
話的意思可能是「我不敢指望你的能力」，也可能是「我不敢指望
你的誠實」。不管是哪一個，它要表達的是「我不敢指望你」。

　　人們若想與我合作愉快，對於哪些是我做得到的，哪些又是我
做不到的，他們在心中先要塑造出一個對我的印象。如果印象不準
確，則合作不會順利。同樣的道理也可適用於我的自我印象，但其
間有一個重大的差別。如果我與某人無法合作，則我們沒有必要非
得繼續在一起工作不可，但是我這輩子也無法甩開我自己──以及
我的自我印象。也許我是一個笨蛋，但我能夠完全掌握的也只有這
麼一個笨蛋了。這正是為什麼對於自我印象能夠保持一個欣賞的態
度，對我個人的身心來說是一件非常重要的事，即使扭曲了真相亦
在所不惜。再者，這也是為什麼每當我令別人大失所望的時候，我
會迫不及待地為自己辯解。

　　對我來說，這種急於辯解的心理需求在感覺上好像是我是為了
別人而做的一件事，如此方能幫助他們塑造出一個對於我的準確的
印象。這正是為什麼要接受「信任第一法則」所欲傳達的意念是極
其困難的：

除了你以外，沒有人會在乎你之所以會讓別人失望的理由有多
麼的正當。

別人是根據你的所作所為，而非你所說的話，來塑造他們所需要的
整體印象的。

公平與信任第二法則

不論何時，一個顧問做事的方式若是無法預期其結果，就會損
及客戶對他「堅定的信賴」。多年來，每當我做事的方式在客戶看
來似乎不太牢靠，通常我會失去那筆生意。在我領悟這個道理之
前，我早已從痛苦的經驗中學會了「信任第二法則」：

贏得信任要歷時數載，失去信任在轉瞬之間。

看來客戶一向對我都很不公平，從來不肯給我第二次的機會讓
我有值得信賴的表現，尤其是我還有那麼好的理由可以解釋我為什
麼會令客戶失望。終於，我體認到如果我換個立場的話，我也會做
出相同的反應。你若是不認為自己會有相同的反應，那麼請想像一
下，你把錢存進了一家銀行，它的廣告詞是「我們只倒閉過一
次」，或是你僱用了一個號稱「我只會搶劫你一次」的員工。

顧問的表現若是出了問題，客戶會損失的是他們的金錢、他們
的飯碗、或是他們的名譽。客戶會輕易地就不再信任你，這是他們
本能的反應，目的是增加顧問所要擔的風險，如此方能與他們自己

所要擔的風險相稱。明白了這個道理，可以給顧問很大的誘因不要犯錯，不論是能力上的，或是人格上的。

失去信賴感與第三法則

你若做了一件令人無法信賴的事，縱使有千般的理由，客戶也沒有興趣聽，然而，對於客戶所說的話你只要有一丁點沒聽進去，就會被打成一個不可信賴的傢伙。曾經我有一個叫杜威的客戶，他告誡我不可與他的手下法蘭講話。在他說話的當兒，我心中正在為接下來該做些什麼而煩惱，以致沒有將杜威的禁令聽進去。在渾然不知的情況下，我還是去找法蘭談了些公事，杜威對此行為給我的評語是我在他的辦公室裏「搞鬼」。在杜威的眼中，我是一個不老實的傢伙。對我來說，我只是聽話不專心而已。

多年後，在一個偶然的場合，我才聽人提到杜威對我的評語。杜威不再聘請我回他的公司當顧問的箇中原委，他從來沒有當面跟我說過。他的行為完全符合「信任第三法則」：

人們不會告訴你他們是從哪一刻起對你不再信任。

既然客戶已對你不再信任，他們為什麼還要浪費時間跟你溝通呢？

正是這懶得溝通的心理，在客戶眼中不可信賴的行為，顧問即使有心要加以改正，也是千難萬難。如果顧問的缺點是不善於傾聽，像我一樣，那麼想要改正缺失更是加倍地困難。自那次的教訓以後，我增加了好幾個步驟以確保我能將客戶的話都聽進去。首

先，我磨練傾聽的技巧，言詞上的和非言詞上的。其次，我盡可能找個夥伴一起工作，如此一來，我們當中至少有一個可全神貫注傾聽客戶的問題。第三，我總是在合約中事先規定要有追蹤的晤談，我期望客戶能夠在此場合中告訴我，他們對我的表現做何評價。

花招與信任第四法則

我若是聽到了杜威的要求，但仍然想要與法蘭談談，那麼我該怎麼辦呢？可能我會用間接的方式來處理這個問題，像是故意製造一個機會讓我在無意間與法蘭碰面。萬一杜威發現我們交談過，這個做法也給我一個藉口——如果他非要我給他一個說法的話。最有可能的發展是，他一聲不吭就下了結論（依結果來看，這個結論也沒有錯），說我是個奸詐的傢伙，不可信賴。我將會失去日後跟他生意來往的機會，而且因為他絕不會做任何的解釋，我也就一直搞不懂為何會有此結局。

如大多數人一般，我早已知道信任是人際間互動的根本，因此我花了多年的時間尋求能博取他人信任的祕訣。每次出新的顧問任務之前，我會先設想出各種複雜的計畫以操縱客戶可能對我的感覺，但似乎沒有一個能發揮功效。搞到最後，我落入再也想不出任何新招的地步，於是我向丹妮求教，看看她在博取他人的信任上有何慣用的招式。「當然有啦，」她說，「試試看對人坦白。」

頃刻間，我不必再想破腦袋，因為丹妮已教給我贏得他人信任的祕訣，那就是「信任第四法則」：

贏得信任的招數就是不要耍任何花招。

若是採用丹妮的「招數」，一旦碰到了杜威的禁止令，我會竭盡所能地用坦然的態度來面對。我大概會告訴杜威：「你請我來的目的，就是讓我盡可能去了解你的機構，因此我擔心任何對我的限制都會影響我有正常的表現。我相信你禁止我和法蘭見面一定有很好的理由，如果能讓我知道的話，將會對我很有幫助。」

下一步我會怎麼做，那就要看杜威是怎麼回答。在最近的兩個案子裏，禁止我與某人見面的理由就完全相反，但是對人坦白的做法卻兩次都很管用。讓我逐一來說明。

第一個案子，身為老闆的隆納回答道：「麥克為一個非常緊急的工作正忙得不可開交，抽不出空跟你談。如果他現在少工作一小時，將會害慘我們的專案。」

「原來如此，」我對隆納說，「如果麥可的工作真有那麼緊急的話，我能夠理解為什麼你會對我佔用他的時間這麼緊張了。撇開跟麥克見面的事不說，我想我們應該來探究一下你們會陷入這種情境的原因何在。即使我不去浪費麥克的時間，他還是難免會碰上感冒生病之類的事，而被迫要提早一個小時回家休養。這真的也會造成你們整個專案的崩盤嗎？」

第二個案子，另外一個老闆雪莉對我說：「保羅是個想法極端負面的人。你聽了他的話之後，恐怕會認為我所做的每件事都是完全錯誤的。」

我回答：「這樣的人我也見過，雪莉，妳說的對：他們有本事

把整個機構搞得烏煙瘴氣的。可是我有一點不大明白，如果保羅是個想法全然負面的人，為什麼妳還願意把他留在這兒，破壞妳的機構。或許我們應該處理的問題是為什麼妳還不解除他的職務？」

雖然這兩個情況表面上看來完全相反，但我對兩者的回答有一個共同點：我把問題的焦點從第三者的身上轉移到經理的推理方式上。為什麼要這麼做呢？首先，禁止他人做任何的事都是一個過激的動作，表示老闆對於員工存有很強烈的情緒。其二，如果我不明瞭客戶推理的方式，那麼我所採取的任何行動在客戶看來可能都是難以預期的。對一件牽涉到強烈情緒的事，我若做出客戶難以預期的動作，必然會毀掉客戶對我的信任。

將隱藏的情緒攤在檯面上，是為增加客戶對我的信任我能做的事當中最直接的一個了。在前述的兩個案例中，這個做法都讓我很快就直搗該機構最重要問題的核心。

誰在說謊？信任第五法則

請注意，我在兩個情況下都小心翼翼，避免受到經理對事實所做評斷的影響。我可以接受的是「如果事情果真如此，我能理解為什麼你會有那樣的情緒」，但是我必須對事實的評斷有所保留，因為到目前為止我所知道的評斷都是來自經理。信任當中有一半是基於我是否誠實，而另一半則是基於我是否有能力。我若是將未經證實的個人意見當作事實，那麼我永遠無法成為一個值得信賴的顧問，即使我像美國的總統一樣的誠實。

　　然而，在不贊同客戶的同時，有一件事我必須澄清：即使我對他們找到真正事實的能力必須等待日後才能確定，但我絕對相信他們的人格。因為我自己也可能會把事實給弄錯了，所以合理的推論是別人也會弄錯。多數人都能接受的一個想法是：即使他們對某項事實已有十足的把握，但身為顧問和局外人的你必須親自去發掘真相。如果他們對這個極端合理的想法有強烈的反感，那麼反感本身就是一個重要的事實，在你採取更進一步的行動前，應深入調查一下原因。為什麼這麼說呢？因為他們有可能在說謊嗎？若果真如此，這不會讓人懷疑他們的人格嗎？

　　當客戶給我的事實有誤時，在過去我會認為他們在對我說謊。當我還年輕的時候，我甚至犯下指控客戶說謊的大錯，這使得原本再好的顧問關係都會走上絕路。如今，我明白很少有人會對顧問說謊的道理。可能他們會故意丟個錯誤的事實給你，但他們從不認為這就是說謊，這件事讓我們得出「信任第五法則」：

人們從不說謊──在他們自己看來。

　　當我發現某人給了我錯誤的事實，而我斗膽詢問對方的時候，通常所得到的答覆都是下面這樣的說詞：

- 「我把我的解釋用那樣的方式加以簡化，我認為會讓你更容易理解。」
- 「如果讓你去調查那個問題，我覺得會引起不必要的麻煩，因此我稍微加以掩飾。」

- 「我以為那件事是不相干的，因此我略而不提，好讓你不必
去做些無謂的探究。」

所有這些簡化、掩飾、省略的行為——無一會被視為涉嫌說謊。面
對著有心要掌握複雜情況的人，若是要我提供資料給他們，我也會
有類似的行為，所持的考量是唯有如此方能有助於減少他們必須處
理的資料量。遇到這樣的情況，我會坦然地向客戶說明我的做法，
不過，客戶若是偏好有更多的資訊，只要他們開口我就無條件提
供。

　　我並非想要保護他人不致受改變所影響——這會違反「隆達的
第三個天啟」——而只是希望能保護他人不致受過多的資訊所拖
累。有時我會犯下未能提供必要資訊的這類錯誤，但我認為提供過
多的資訊以致他人抓不到重點，不也犯下同等嚴重的錯誤。當然我
不覺得自己是在說謊，因此，若是有人竟敢指責我是存心欺騙，那
我就再也不會相信那個傢伙了。我想客戶的反應就是如此。

保護與信任第六法則

　　我一直都認為客戶會對我說實話——這是從他們的立場來看，
而且他們認為唯有如此方能幫助我了解實情。我相信客戶的人格，
但是我沒有必要相信客戶的能力。換句話說，「信任第六法則」是
以「莊家的抉擇」為出發點：

永遠相信你的客戶——但要切一下牌。

「潘朵拉的水痘」說當你正和客戶締造新關係的階段，必然問題百
出。經驗告訴我，最起碼你們之間初期的溝通會讓人不放心，因此
你要設法保護自己不致為溝通不良的問題所苦。「切一下牌」可以
彌補客戶所犯的錯誤（或是我聽而不聞的錯誤），然而，倘若客戶
存心說謊，又該怎麼辦呢？倘若他們存心要誤導我，又該如何？當
我為掌握一個複雜的情況而去蒐集全部的真相，而且是絲毫不假的
真相時，我絕不會只依賴特定某個人的能力，因而謊言不致帶來嚴
重的問題。凡是事關重大的事實，我習慣會從幾個不同的方向加以
檢驗，因此除非整個機構的人全都在說謊，否則通常到最後我總能
歸納出真實的情況。

　　如果到了最後，我自行研判出來的情況與某人告訴我的說法有
明顯的出入，我總是會嘗試找到那個人，告訴他：「在我的記事本
上寫著，你說過如此這般的話，但是根據其他的消息來源我發現如
此那般的事實。你能幫我解釋為何其間會有這樣的差異嗎？」或許
與我接頭的那個人是真的在說謊，但更可能的原因是我誤解了他說
的話，或是他誤解了我的問題。客戶與顧問間對彼此的信任非常重
要，除非我有確切的證據，否則我不會對任何人懷疑。或許我會斷
定某一特定的客戶在提供資訊的能力上讓人不太放心，但這和懷疑
某個人的誠信有問題完全是兩回事。

誠信與信任第七法則

　　顧問最難以脫身的陷阱是遇上了客戶要求你去做一件違反誠信

的事。幾年前，有一個名叫提姆的經理要我刪改我的檢查報告，好讓他可以拿去對全體員工宣佈。我答覆他說，我的職責是整理出一份完整、誠實的報告給他，而他的職責則是從報告中選取任何他認為合宜的部分對員工宣佈。提姆原則上同意我的說法，但問我是否願意幫他整理出一份經過刪改的報告，並向我解釋若是不這麼做，他害怕原始的報告有遭打字人員洩露之虞。這個要求的出發點似乎沒有什麼不妥，但我還是一口回絕了。

　　為此提姆對我非常不諒解，我猜想他這輩子再也不會跟我有生意上的來往。不過，一年後，他又來找我替他的機構做一次檢查。我決心要光明正大地面對這個問題，於是提起上一次他對我不太諒解的舊事。

　　「是啊，我當時真的快氣炸了。」提姆也不隱諱。「我們付了你一大筆錢，而你卻連這點打字的小忙都不肯幫。我氣到你當時說些什麼我一個字都聽不進去，直到你離開了之後，我冷靜下來想一想，才發覺你是對的。」

　　不對客戶說謊最大的一個好處就是你通常不必記住你當時說了什麼。但是，這一次我倒希望能記得我當時是怎麼說的。「我必須很慚愧地告訴你，我不記得我當時是怎麼說的。」

　　提姆笑了出來。「我想那是因為你說的那些話對我比較重要吧。你當時對我說，你從事的是資訊生產業，而非資訊包裝業。你還說，你若是把相同的資訊發出好幾份不同的報告，那麼要不了多久，連你自己都會搞不清楚孰真孰假了。」

　　「我記起來了，」我說，「我還建議要退還部分的顧問費給

你，以支付從外面找人來繕打報告的費用。」

「對啊，就是這句話惹火了我──剛開始的時候。不過，過了一陣子我才領悟到，你是要讓我有機會能好好地去想一些對我的機構和我本人至關重要的事。對於機密報告的繕打工作如果我不相信自己的文書人員，其間暗藏的問題就遠比這份報告本身要嚴重得多了。我深深地自我反省一番之後，發現我有點緊張過度了。」

這故事的寓意一直縈繞在我腦中，形成「信任第七法則」：

千萬不可不誠實，即使那只是應客戶的要求。

你若回絕了這樣的請求，客戶會記得你是一個不合作的傢伙。然而，你若屈從了客戶的要求，做出不講誠信的事來，客戶會永遠記得你是一個騙子。向別人展現出你只有在無關痛癢的小事上值得信賴，最會讓別人失去對你的信任。

承諾再承諾，再加上兩條信任法則

如果你留在別人心目中的印象是一個騙子，即使你的客戶不覺得有何不妥，你還是會惹上麻煩。一旦你有過一次違反誠信原則來替客戶服務，那麼下次當別人有需要的時候就會期望你能再次提供相同的服務。這個道理也適用於極端誠實的行為上：一種服務一旦開了先例，就成為未來相同服務的承諾。珍尼絲擔任某位客戶的訓練主管，有一次拜託我接受二十二個人的報名以參加我所主辦的研習營，該研習營有二十個人的名額限制。當她向我訴苦說不知該砍

掉哪些人時，我一時心軟就讓步了，但是我很慎重地向她解釋，只此一次，下不為例。

到下次研習營開辦時，珍尼絲又多報了兩個人。當我跟她解釋我不能接受超額的學員時，她辯稱她以為這麼做也沒什麼關係，因為上一次我就多收了兩個學員。她不記得當時我說的話，只記得我做的事，她把它當作是一個彼此心照不宣且終身有效的允諾。如果我現在不遵守這個暗示性的承諾，我這個人就顯得不可信賴了。

這個經驗給我的教訓是：「你沒有把握做到的事，千萬不要答應別人。」而對於未來，沒有人能有把握，因此一條較為高明的法則就是「信任第八法則」：

絕不承諾任何事。

但是，一個顧問從來不做承諾，如何能夠成功？每一個合約不就是一種承諾？是的，一個合約就是一個承諾，但它是一個視情況而定的承諾。在合約裏會提到我將會盡力完成某件事，若是我做到了，你將會為這項服務付給我多少錢。若是我未能做到，你就不必付錢。一個合約也是一個書面的承諾，可幫助你不致在不經意間做出暗示性的承諾。

然而，即使是最嚴謹的書面合約也難免會有一些暗示性的承諾，因此你無法真的遵行這條法則而不悖。為彌補此缺失，必須輔以「信任第九法則」：

永遠要遵守你的承諾。

　　在珍尼絲的例子中，我很慎重地向她解釋，研習營收了二十二個學員的話，學習效果將會明顯變差，但她還是堅持這麼做也比要她臨時趕走兩個人要好得多。因為我們之間已經有了一個非正式的合約，我覺得有義務要照顧多餘的人以信守我的承諾。既然我已知道不管我再說什麼也無法改變這個非正式的合約，因此我在下次研習營開始之前就要求更改我們的正式合約。我為超過名額限制的每一個學員訂出了兩千美金的高額學費。珍尼絲接受了，並覺得很公道，而往後的研習營都不再需要安排額外的座位。

合約與信任第十法則

　　合約這個話題讓我想起了傑克。傑克曾經告訴我他上過談合約的課程，上課的教授說只要記住三大規則：

　　第一，要把它寫下來。
　　第二，要把它寫下來。
　　第三，要把它寫下來。

我想這些規則每一個顧問也該牢記。傑克辦到了，但這檔事除了傑克已知道的部分之外，還有許多需要學習的地方。

　　務必要把它寫下來，但千萬不要認為一個書面合約就可取代你與客戶彼此間的信任。書面合約是避免誤會的有效方式。不管是哪一個口頭上的約定，例如牽涉到錢的約定，務必要把它寫下來，隨便寫在哪兒都可以，並且要雙方簽名。然而，一旦信任不再，書面

合約就變得一文不值，因此，務必要遵守「信任第十法則」：

要把它寫下來，但倚仗的是彼此信任。

對顧問來說，不論傑克在學校裏學到的是什麼，沒有合約的信任比起沒有信任的合約要強得多。

信任與金科玉律

剛好有十條法則讓整個陣仗顯得相當壯觀，有如摩西的十誡。不過，對如此重要的題目的各個層面剛好也能以十條法則來涵蓋，看來未免太湊巧了。十誡雖然已走過一段長遠的歷史，它們終究還是難逃需要修正的命運——這導致了基督教的創立。

因此，能為另一條法則預留一些空間可能會是一件好事——這條法則可涵蓋所有其他法則所未顧及的情況，就像「第十一誡」一樣……「第十一誡」到底是啥？我老是想不起來。不過，我記得它涵蓋了前十條戒律未處理到的情況。

如果我能想起「第十一誡」是什麼的話，或許我就會知道該如何訂出信任的這最後一條法則。總有一天我會需要用到它。像這樣的一條法則當然是一條最珍貴的金科玉律。

14 讓大家都肯聽你的忠告

getting people to follow your advice

不論你灌注了多少的心力，有些農作物就是活不了。

——得自農場的教訓

顧問這個行業有多久的歷史了？有的人會說聖經中伊甸園裏的那條蛇是顧問的始祖，提供忠告給夏娃，說神絕對不會因為她偷吃了禁果而取她的性命。當然，蛇忘了警告她這麼做了之後還會有其他的副作用，不過，沒有哪個顧問是完美的。這正是為什麼顧問自己也需要有人給他忠告。因此，在最後一章裏，我願與你們分享我的私人顧問給我的一些忠告。

植物的根

旅行雖然很有趣，但是在世界各地的歡樂場所辛苦了好幾個星期之後，能有個地方靜下心來種些花花草草的就再好不過了。正如伏爾泰筆下的那個天真少年憨第德（Candide）一樣，我喜歡回家到我那小小的農場上照料我的菜園。

農場生活有一個好處，那就是可以結交到一些農夫。對於習慣了都市生活的人而言，和農夫打交道最讓人受不了的地方就是他們的步調非常緩慢，農夫的時間和一般人不太一樣。或許在你家附近就住了一位農夫──少說也有七八百公尺之遙──但要好多年之後你們才會開始偶爾聊上兩句。或許你們迎面而過的時候會招個手，或者距離夠近的話會問個好，但是，還要再等個幾季之後，才會談到更深入的話題。比方說，接下來的幾天會不會下雨啦。或是今年第一次結霜可能在什麼時候啦之類的。

一方面，如果碰上了天災，比方說暴風雪、冰暴、水災等，你的芳鄰就會突然出現，帶著各式的裝備、食物、以及你想像不到的

全套救濟物資。沒有多餘的話──只有援助。另一方面，如果你不需要援助，只要點點頭，加上一句「謝謝」，他們二話不說立刻就消失。

因為農夫的話都不多，有些都市人會認為他們的頭腦簡單。再沒有比這樣的看法更離譜的了。我的芳鄰個個都坐擁數百萬美元的事業，而其事業又與其他二十個人的事業緊密地結合在一起。例如，我有幾英畝的地荒廢在那兒，於是我就和約翰達成了以物易物的約定──他是我的鄰居，經營一個乳牛牧場。他在我的地上種些牧草和穀物，這麼一來可保持土壤的肥沃。此外，他還供應我家菜園裏所需的各種肥料和稻草，並不時會來我家做些零碎活。這類以貨易貨的互利活動也構成複雜貿易網的一小部分。多年以來這樣的互惠沒有人吃虧，也沒有人佔便宜，雖然沒有任何金錢上的往來，但其結果卻非常公平。

肥料送來的時候我還可沾上另一個好處：約翰會順道來看看我的菜園。除非我開口問他，否則約翰從不主動給我任何的忠告。去年的春天，我正在播玉米種的時候，約翰驅車來送肥料。他默默地站在那兒，看著我把玉米種塞進泥土裏。他沒說一句話，但我從他的表情就知道我應該向他請教一下。

「你今年種玉米嗎？」我帶著打破沉默的語氣說。

「有，」他說，「那就是你正在種的東西嗎？」

「當然啦，你看不出來那就是玉米嗎？」

「喔，照你這樣的種法我是看不出來，跟我們的種法不太一樣。你用的是什麼栽培法？」

「這個嘛，」我答道，略顯不悅，「我聽人說過要將玉米種子完全放進土壤裏，將來植株的根抓地才會抓得好。」

「是這樣嗎？」

「當然，」我說。「是你親口告訴我說玉米最要緊的是根要長得好，才不會暴風雨一來就被吹倒在地上。而且包裝盒這兒不也寫著『緊緊地按進土壤裏』。」

「沒錯，」他說，「這麼做是為了萬一下了場大雨，種子不會被水沖走。但是你還用腳跟用力去踩兩下，這麼一來土壤被你壓得太緊，會使得根部將來無法正常發育。你要把土壤弄得鬆軟些，日後根才發得出來。土壓得太緊對種子沒有一點好處。」

約翰離去後，我改正我播種的方式。那年夏天，我觀察田裏作物生長的情形。也許是我有疑心病，凡是我用腳跟踩過的玉米都長不好，有發育不良的現象，而勉強長大的，健康狀況也比不上其他的玉米。

過了幾個月，約翰又送稻草來供花園裏的植物護根之用。我們談到了我的澆水習慣，而談話的方式一如往常。我旁敲側擊了老半天，才從他的嘴裏套出一些話，結論是我給玉米澆的水太多了。我辯稱我多澆些水是為了要讓玉米的根系能長得強壯一些。

約翰低聲笑了笑，向我解釋說，經常保持土壤些微的乾燥，才會強迫植物的根部為尋找水分而向地底下長得更發達一些。如此一來，會使根部長得更深，因而更加強壯，日後在起風的日子植物才有更多存活的機會。如果遇到我因事耽擱，有好些天都不能來澆水的時候，它們才有照顧自己的能力。

他說這些話的時候，絲毫不帶告訴我那才是種玉米的正確方法的口氣。他只是稍稍指點我一些種農作物的原則，然後就默不吭聲繼續做他自己的事。後來，有些作物還是死了，他見了也只是聳聳肩說：「這就是為什麼你得額外再多種幾棵的緣故。」

歷經了十年這樣溫和的勸告，我也成為一個還算過得去的好園丁。最起碼，在相同的一塊地上我的產量增加了三四倍之多，而人力則只需要三分之一。

從農場得來的教訓

隔了些天，我突然心血來潮，打算把約翰擔任我的作物栽培顧問時所用的方法集結成一個清單，但不知該從何下筆。讓約翰成為一個完美顧問的因素到底有哪些，這個疑問花了我十年的光陰才參透其中的奧祕。他做事的風格來自於一套完整的耕作步驟，這些步驟的本身則來自於畢生對植物所做的觀察，觀察植物對於不同的栽種方式所產生的反應。我將他教給我有關農作物栽培方面的知識整理成一份清單，看著這份清單，我突然聯想到，對於有心想要讓形形色色的客戶都樂於接受其忠告的一個人來說，能得到這份清單無異於如獲至寶。以下即是約翰教給我的一些觀念：

1. **種子絕不可用便宜貨**。種子就像我們的點子一樣。在栽種的農作物收成以後，你會發現花在買種子上的錢在整個栽種的作業中可說是微不足道。而得到一個點子所需的花費，與實

現那個點子所需的投資相較，也是小巫見大巫。因此，務必確保你的點子的品質一定要是最好的。你要竭盡所能找到最好的點子之後，才投入大量的金錢將之付諸實現。

2. 調養好的土質是植物栽培的祕訣。我們往往會注意長在地面上的部分，但植物做的工作大多是在我們看不見的地方。即使是最好的種子也無法在調配不良的土質中生長。需要花好些年才能調養好土質，只要有好的種子、好的土質，那麼隨你怎麼去種都不會有什麼問題。而在實際的操作上，如果你能夠不去管它，讓土壤能自行運作，那就再好不過了。換言之，你把一個點子種入土中之前的準備工夫，才是日後點子是否有成效的重要關鍵。

3. 時機最為重要。有最好的種子，但太早播種的話，一場來得不是時候的霜雪會把新發出來的嫩芽給凍死。有最好的種子，但太晚播種的話，植物將無法成長到相當的成熟期，因而無法結果。農夫會花許多時間去觀察天象、摸摸土壤，使出渾身解數來找出播種的最佳時機。而顧問的毛病則是每次他們一想出了一個點子，就立刻四處宣揚，而不是選擇一個適合發芽的時節。

4. 靠自己把根長好的植物，地才抓得緊。你把植物根部附近的土壤壓實，會讓根長不好，植物就無法在土壤中長得穩固。你只需調配好土壤、播下種子，剩下的事就讓種子自己去做。當植物還小的時候，或許你需要給它一些保護，然而，你給的保護愈少，則將來植物會長得愈強健。對於點子也是

同樣的道理，但有的時候我們就是忍不住想把它們使勁地壓在土裏。

5. **澆水過量會導致虛弱，而非強壯。** 水太多會使植物變得更虛弱，因為它不須在土裏把根紮得更深。肥料太多也造成相同的結果。植物若是施肥過量，會盡長葉子而不結果。我們都想向他人證明我們的點子有多棒，有時甚至會吹噓得過了頭。投注過多的資源在一個不夠成熟的點子上，會造成空有一大堆的行動，卻產生不了多少的成果。點子，如同植物一般，要歷經適度的掙扎才能茁壯。

6. **不論你灌注了多少的心力，有些農作物就是活不了。** 若是你在種菜的時候就打定主意，非將菜園裏的每一作物都種成農產品競賽中的得獎者不可，那麼你必然會大失所望。若是你必得靠所有栽種的作物都能存活方得以糊口，那麼很可能你將難以果腹。農人整天面對的是一個既龐大又複雜的系統，他們早已學會了遭遇失敗亦處之泰然的豁達，並不因失敗而自怨自艾。

好啦，以上這些就是我從我私人的顧問那兒學到的祕密。我原本打算把它們鑄造成一條條的法則，但我想約翰本人應該不會喜歡我這麼做。大張旗鼓地弄成法則，有違他一貫的行事風格，而且這麼一來會讓他覺得我們這些做顧問的人才想到了一些新點子就在那兒自鳴得意，或是覺得我們還不知道自己的斤兩，在真正要面對的問題面前，我們顯得多麼地渺小。這個道理我個人還得細細去思索一番，不過現在我得先去照料一下我的菜園了。

參考書目與相關經驗

何處可找到更多的資訊

　　單憑一本書並不能造就出一個顧問。當顧問我已超過了三十年，讀過的書也數以千計，但我每年仍需不斷地學習新知。即便如此，我還是很容易就落入自滿的陷阱，以為自己完全通曉了所該知道的一切，剩下要做的只是能走出去，把我的知識傳揚到全世界即可。這是為什麼我主張每一個做顧問的人都應建立一套個人的學習計畫，並據以實踐。

　　我個人的計畫是每個月至少要讀一本書，以及每年至少要參加一個重要的研討會。倘若時間許可，我當然會設法多多學習，尤其是要盡量從工作中學習。這是一個最好的方法，但絕非唯一的方法。我也會利用客戶做為學習好點子的來源。我所讀的新書和所參加的研討會大多是來自客戶的建議。若因此而推論客戶會希望我多提供建議，當作對他們的回報，這也很合乎情理，因此接下來幾頁所談的都是一些有助於你學習到更多有關顧問工作的祕密的點子。

優質的思考方式

　　幾十年前，我在研究所的研究主題是有關思考和問題解決的方

式，當時這樣的題目在心理學界尚處於邊陲地帶，非常冷門。然而，到了最近幾年，思考和問題解決的方式終於逐漸成為主流的熱門題目，也有一些絕佳的相關書籍出現。早期的好書之一是：

Adams, James L.《*Conceptual Blockbusting*》（中譯本《創意人的思考》遠流出版）San Francisco: W.H. Freeman, 1974.

Adams 所探討的主題是如何擺脫卡死不動的困局，不管你是哪個領域的搖撼器（jiggler），這都是最適合的一本書。

另一本早期的經典作品就是：

McKim, Robert H.《*Experiences in Visual Thinking*》（中譯本《視覺思考的經驗》六合出版）2nd ed. Monterey, Calif.: Brooks/Cole, 1980.

McKim 訓練大腦以視覺心像的角度來思考，避免人類有卡死在語言陷阱的傾向。

涵蓋範圍更廣的做法可在下一本書中找到：

Waddington, C. H.《*Tools for Thought*》（暫譯：思考的工具）New York: Basic Books, 1977.

Waddington 對各式的思考工具和輔助方法做出綜合性的評述，有嚴謹的，也有不嚴謹的，有新的，也有舊的。

當然，許多工具會被人稱作「新」，只是因為我們對過去的無知。我對回教蘇菲教派（Sufi）的作品特別欣喜並深受其影響，他

們對「如何搖撼」的研究和教導，已歷經了好幾個世紀。蘇菲教派在許多方面都有傑出的貢獻，而在對付弔詭的做法上更是獨領風騷。如果你對蘇菲教派的文獻仍不熟悉，可從下面這一本最有趣也最具啟發性的書著手：

Shah, Idries.《*Wisdom of the Idiots*》（暫譯：愚者的智慧）London: Octagon Press, 1969.

雖然最好能從這本書入門，你也可以找 Idries Shah 所著的任何一本書做為敲門磚，他幾乎是全憑一己之力即將蘇菲教派的思想引介給現代的西方讀者。

我若是不向你推薦幾本我自己所寫有關於問題解決之道的書，那麼我的出版商和會計師將會很不高興。其中既親切又易讀的一本就是：

Gause, Donald C.與 Gerald M. Weinberg.《*Are Your Lights On? How to Figure Out What the Problem Really Is*》（暫譯：你想通了嗎？如何找出真正的問題所在；中譯本即將由經濟新潮社出版）Boston: Little, Brown, 1982.（現有 Dorset House Publishing Co.的版本）

你若打算靠解決問題維生，最重要的一件事就是確保你找到了對的問題來解決。對於有待解決的問題先要有個好的定義，才能讓你有個好的起步，而有個好的起步對顧問來說尤其重要。約二十五年前，我決心要寫本書來談談當我接觸到一個新的狀況時，在最初

的五分鐘裏我的腦海中思索過哪些東西，尤其是有關要如何佈局才能夠觀照整體的局勢。經過了十五年，這項努力的成果衍生出規畫完善的四大冊書，其中的前兩冊是：

Weinberg, Gerald M.《*An Introduction to General Systems Thinking*》（暫譯：系統化思考入門）New York: Wiley-Interscience, 1975.（現有 Dorset House Publishing Co. 的版本）

Weinberg, Gerald M.與 Daniela Weinberg.《*On the Design of Stable Systems*》（暫譯：論穩定系統的設計）New York: Wiley-Interscience, 1981.

這兩本書讀起來比本書吃力，但有不少顧問親口告訴我他們讀後獲益匪淺，是值得一讀的書。乍看之下，這兩本書或許有些偏重數學，但它們其實是想要去除籠罩在這個主題周圍充滿數學謎團的神祕外衣。

與人合作

任何顧問都得與人共事，因此不管你的顧問手法是多麼偏重技術，你必然可因增進與人共事的能力而受益良多。已有五十年的歷史，自我改進這門功課保證有效的入門書一直是：

Carnegie, Dale.《*How to Win Friends and Influence People*》（中譯本《卡內基溝通與人際關係》龍齡出版）

這本書經過修訂加以現代化，但書中的根本要素歷經了兩代到今日仍維持不變。

另一本出版的時間較近，但同樣實用的書就是：

Bolton, Robert.《*People Skills: How to Assert Yourself, Listen to Others, and Resolve Conflicts*》（中譯本《做人的技巧》卓越文化出版）Englewood Cliffs, N.J.: Prentice-Hall, 1979.

不管你顧問的技巧有多麼高明，經驗有多麼豐富，仍然能從 Bolton 在本書中對於「人際手腕」所做的系統化回顧而獲益良多。我就受益匪淺。

心理輔導諮商

有一種很特別的技術就是幫助別人對他私人的問題做心理的輔導諮商。顧問經常會發現自己居然扮演起客戶的心理輔導諮商專家的角色，有的時候是在不知不覺間被這種吃力不討好的角色給纏上。因此，我要向所有專職的顧問推薦下面這本書：

Kennedy, Eugene.《*On Becoming a Counselor*》（暫譯：談如何當個心理輔導諮商專家）New York: Continuum Publishing Co., 1980.

Kennedy 這本書所訴求的對象是那些並非專職的心理輔導諮商專家，但卻時常發現自己得擔負起這樣的角色，因而想要知道如何最起碼不傷害到別人。

開會

　　顧問另外一個常要扮演的角色就是會議的參與者或主持人。他
們若是讀過下面這本書，那麼他們在會議上所花費的時間將會更值
得：

Doyle, Michael 與 David Straus.《*How to Make Meetings Work*》
（暫譯：如何有效地開會）Chicago: Playboy Press, 1976.

Doyle 與 Straus 為各種型態會議的籌備和舉辦工作開發出一套「互
動方法」。利用書中詳細介紹的這套方法，有數十個客戶在我的幫
助下將他們的會議從最痛苦的時光變成最愉快的時光。

　　談論如何開好會還有其他幾本好書，但《*How to Make Meetings
Work*》是我最喜歡的一本——除了下面這本有關特殊的技術性會議
的書之外：

Freedman, Daniel P. 與 Gerald M. Weinberg.《*Handbook of
Walkthroughs, Inspections, and Technical Reviews*》（暫譯：非正
式檢驗、正式檢驗、與技術性審查會議之手冊）3rd ed. Boston:
Little, Brown, 1982.（現有 Dorset House Publishing Co. 的版本）

　　我的顧問工作所採用的方式，大都是對於進行中的工作成果加
以嚴格的審查。技術性審查會議可能造成技術上的增長，也可能帶
來嚴重的焦慮和衝突，其間的分野取決於會議是怎麼開的。我覺得

這本用問答方式呈現的「手冊」，是每一個必須將時間花在審查會議上的人所必備的一本工作指引。不過，我當然有敝帚自珍之嫌。

應付他人抗拒之心

在書中已提到我對付他人抗拒的辦法，是援引自下面這本書：

Block, Peter.《*Flawless Consulting: A Guide to Getting Your Expertise Used*》（暫譯：完美無瑕的顧問：讓你的專業得以發揮的指引）San Diego: University Associates, 1981.

大體上本書所談的都是顧問會感興趣的話題，而對於抗拒的心理以及跟客戶訂個好「合約」這兩個主題，這本書寫得特別好。

一本專門談論有關抗拒心理的書籍就是：

Anderson, Carol M.與 Susan Stewart.《*Mastering Resistance*》（暫譯：戰勝抗拒的心理）New York: The Guilford Press, 1983.

Anderson 與 Stewart 以家庭治療師的觀點來寫這本書，不過你若略過書中歷史和理論的部分，其餘的可說對幾乎任何行業的顧問都非常有用。

家庭模型

家庭模型對幾乎任何行業的顧問所會碰到的狀況都能發揮極大

的功用，它是 Virginia Satir 所大力鼓吹的一項洞見，詳情請參閱下面這兩本書：

Satir, Virginia.《*Conjoint Family Therapy*》（中譯本《聯合家族治療》桂冠出版）3rd ed. Palo Alto, Calif.: Science and Behavior Books, 1983.

Satir, Virginia.《*Peoplemaking*》（新版本《*New Peoplemaking*》有中譯本《新家庭如何塑造人》張老師出版）Palo Alto, Calif.: Science and Behavior Books, 1972.

我深受 Virginia Satir 的書的影響。我讀到《*Peoplemaking*》這本書而首次發現到她那革命性的做法，書中詳述了她如何重新學習與他人互動的做法。《*Conjoint Family Therapy*》是偏向於寫給家庭治療師的一本完整的教科書，但如同所有她寫的書一樣，本書的文筆完全不具學術的虛矯氣息。

比她的書威力更大的就是她所辦的研討會，從為期一天到一個月的都有。參加者都是來自各個領域的顧問，並包括家庭治療這個行業以外的人士；我誠心地向所有的讀者推薦這些研討會。

實習訓練

有許多的團體為那些有心想要影響他人的人開辦了許多很棒的實習訓練課程。實習訓練相較於其他的訓練方式，似乎要昂貴得

多，但若是能辦得好，花再多的錢也值得。然而，最重要的是務必要找到一流的老師，達到此一目的的最佳途徑就是經由朋友們的推薦。

我願意以個人的名譽為 Avanta Network 所提供的訓練課程作擔保，該公司是由 Virginia Satir 所創設：

Avanta Network

139 Forest Avenue

Palo Alto, CA 94301

我從 NTL Institute 也得到許多令人印象深刻的學習經驗：

NTL Institute

P.O. Box 9155

Rosslyn Station

Arlington, VA 22209

當然，我個人推薦丹妮和我所主辦的研習營，你可以寫信到下列地址以得到更多的資訊：

Weinberg and Weinberg

Rural Route Two

Lincoln, NE 68520

信任

　　不用說，你可以相信我對 Weinberg and Weinberg 的研習營所做的推薦，但是你還是要自己做些判斷。就我所知唯一專門談論「信任」這個主題的書就是：

　　Gibb, Jack R. 《*Trust: A New View of Personal and Organizational Development*》（暫譯：信任：個人發展與組織發展的新觀點）Los Angeles: The Guild of Tutors Press, 1978.

本書值得一讀。

顧問業

　　有許多本談論顧問工作的書都是由顧問來執筆。依個人淺見，Block 的《*Flawless Consulting*》是寫得最好的一本，次好的就是：

　　Steele, Fritz. 《*Consulting for Organization Change*》（暫譯：組織變革的顧問方法）Amherst, Mass.: University of Massachusetts Press, 1975.

Block 和 Steele 兩人對於深度的關切甚於廣度，他們在書中所涵括的主題都是最重要也最困難的，而非把所有可能的主題都一網打盡。不過，我覺得我們還是得有一些能夠照顧到所有細節的書，而

其中的一本就是：

Lippitt, Gordon 與 Ronald Lippitt.《*The Consulting Process in Action*》（暫譯：實用的顧問工作程序）La Jolla, Calif.: University Associates, 1978.

Ronald Lippitt 在多年前還是我的老師的時候，我從他那兒學習到許多東西，但是我似乎從這本書中沒學到什麼，原因或許是它想要談的東西太過廣泛。也可能是因為書中欠缺了作者個人的風格。

雖然如此，有的作者偏好較為學術性的寫法，至少對某些主題是如此。這樣的作者如：

Nadler, David.《*Feedback and Organizational Development: Using Data-Based Methods*》（暫譯：回饋與組織發展：利用以資料為主的方法）Reading, Mass.: Addison-Wesley, 1977.

Nadler 所寫的是有關在組織中要如何蒐集資料。就個人而言，在這些「以資料為主」的方法當中，我比較喜歡「參與者兼觀察者」的做法，但是一個做顧問的人必須培養出符合其個性及技術的自我風格。

顧問的職務

有幾本書把顧問工作當作是一個職務來加以綜合評述，對顧問個人的條件著墨得就比較少一些。例如：

Greiner, Larry E.與 Robert Metzger.《*Consulting to Management*》（暫譯：如何擔任管理階層的顧問）Englewood Cliffs, N.J.: Prentice-Hall, 1983.

Kelley, Robert E.《*Consulting: The Complete Guide to a Profitable Career*》（暫譯：顧問工作：一個賺錢職業的完全手冊）New York: Charles Scribner's Sons, 1981.

我讀完這樣的書後，第一個感覺是：如果你要靠這種書才能成為一個好顧問，那麼你很有可能不會成為一個好顧問。換個角度來看，我遇到過一些各方面都很優秀的顧問卻難逃失敗的命運，問題出在他們對於實際工作上的細節都掉以輕心，例如帳單的寄發或稅務資料的保管等。這類書籍確實能夠讓讀者對於成為一位專業人士所必需的條件有一個通盤的了解，尤其是那些我們懶得去理會的實際工作中的細節。

個人發展

定期刊物

分析到了最後，任何顧問最重要的工具就是他自己。自我發展有許多可能的途徑，但我認為自我發展最重要的工具就是個人的定期刊物。這類的刊物可取代絕大多數你私人的顧問能夠做到的事。少了這類刊物，你將無法對你自己有與時俱進、通盤性的了解。Ira Progoff 是目前公認的引領期刊走向的舵手，或許你會想要看看：

Progoff, Ira.《*At a Journal Workshop*》（暫譯：參加定期刊物的研討會）New York: Dialogue House Library, 1975.

我認為持續閱讀一份期刊是很寶貴的，因此在我下面這本明年即將出版的書中，特別保留一個專章來討論所需的技巧：

Weinberg, Gerald M.《*Becoming a Technical Leader*》（暫譯：如何做好專案的技術負責人；中譯本將由經濟新潮社出版）New York: Dorset House Publishing Co., 1986.

換個角度來看，開始訂閱一份期刊並不需要先看本書。你只要去買一本封面裝訂精美的筆記本，然後把你對自己的看法和觀察記錄下來即可。

持續的教育

顧問都沒有固定的行程，這使得他們即使有心想要利用傳統的教育體系也難以為繼。他們必須設法找出更適合自己的學習方式，其迫切性更超過其他人。因此，每個顧問都該看看下面這本書：

Gross, Ronald.《*The Lifelong Learner*》（暫譯：終身的學習者）New York: Simon and Schuster, 1979.

書中對於自我更新，提供了許多的點子、建議、及明確的資源，其中大多可依照顧問的時間和經費而達成。

幸福

我最後要建議的這些書無法歸類，但都能幫助你成為一個更好的人。有幾位作者對我的影響很大，我想要將他們介紹給你。我們可從 Virginia Satir 開始，之前我已提到過她，而她所寫的三本書任何人讀了都會獲益匪淺：

Satir, Virginia.《*Self-Esteem*》（中譯本《尊重自己》張老師出版）Milbrae, Calif.: Celestial Arts, 1975.

Satir, Virginia.《*Making Contact*》（中譯本《與人接觸》張老師出版）Milbrae, Calif.: Celestial Arts, 1976.

Satir, Virginia.《*Your Many Faces*》（中譯本《心的面貌》張老師出版）Milbrae, Calif.: Celestial Arts, 1978.

Virginia Satir 受到 Carl Rogers 很大的影響，而我亦然。你若不知 Rogers 是何許人，你可能會想要看看他的幾本書：

Rogers, Carl.《*On Personal Power*》（暫譯：談個人的力量）New York: Dell, 1977.

Rogers, Carl.《*On Becoming a Person*》（中譯本《成為一個人》久大出版）Boston: Houghton Mifflin, 1961.

Rogers, Carl.《*A Way of Being*》（暫譯：存在之道）Boston: Houghton Mifflin, 1980.

最後，我非得提一下羅素（Bertrand Russell）。雖然他能得到諾貝爾文學獎，可能受到下面這本小書的影響不多，但我卻大大地受其影響：

Russell, Bertrand.《*The Conquest of Happiness*》（中譯本《幸福之路》水牛出版；另有多種譯本）New York: Signet Books, 1951.

羅素以他一貫直率的態度來處理這個古老的問題：如何才能既快樂又成功。很難想到比成功的顧問工作更好的例子了。

法則、定律、原理一覽表（依筆劃順序）

三的定律：對於你的計畫，若是無法找到三個可能出錯的地方，那麼你的思考過程一定有瑕疵。（頁 153）

三隻手指定律：當你用食指指著別人的時候，請注意其餘的三隻手指所指的方向。（頁 132）

工程學第一法則：如果東西沒有壞，不得動手修理。（頁 87）

干預第一法則：少即是多。（頁 200）

五分鐘定律：客戶永遠知道要如何解決他們的問題，而且總是在頭五分鐘裏就把解決之道告訴了你。（頁 132）

水牛的蠻響：你可以把水牛帶到任何一個地方，只要那是他們想去的地方。（頁 273）

水平法則：解決問題的高手會有許多的問題，但少見麻煩特別多的問題。（頁 139）

主幹管的座右銘：你不知道的事或許還不會傷害你，會傷害你的經常是你忘了的那些事。（頁 168）

功勞法則：如果你計較功勞是誰的，就什麼事也做不成。（37 頁）

史巴克的問題解決之道定律：你愈接近找出誰是造成問題的元兇，解決問題的機會卻隨之而降低。（頁 118）

布朗動聽的遺訓：話語通常很有用，但聽音樂的獲益永遠更多（尤

其是你自己內在的音樂）。（頁 160）

白麵包的訓誡：如果你用相同的烹調法，你將得到同樣的麵包。（頁 115）

百分之十承諾法則：絕不承諾超過百分之十的改善。（頁 34）

百分之十解決法則：如果你一不小心超過了百分之十的改善，也絕不能讓別人發現。（頁 35）

艾索的命令：如果你非要新的事物不可，那麼一次只能有一個，不能有兩個。（頁 251）

行銷學第一法則：顧問會處於兩種狀態下：狀態閒（太閒）或狀態忙（太忙）。（頁 288）

行銷學第二法則：找到客戶最好的方法是先有一些客戶。（頁 289）

行銷學第三法則：每週至少要花一天的時間在公開露面這件事上。（頁 290）

行銷學第四法則：客戶對你的重要性永遠超過你對客戶的重要性。（頁 292）

行銷學第五法則：千萬不可讓單一客戶超過你生意量的四分之一。（頁 293）

行銷學第六法則：最好的行銷利器就是滿意的客戶。（頁 295）

行銷學第七法則：把你最好的點子捐出來。（頁 299）

行銷學第八法則：由你自己加個蛋，味道會更好。（頁 300）

行銷學第九法則：你至少要有四分之一的時間是花在無所事事上。（頁 301）

行銷學第十法則：為了品質而行銷，不可為了數量。（頁 304）

困難法則，倒轉式：確實有人能把顧問的角色扮演好，因此一定有
　　克服失敗的方法。（頁 53）

困難法則：若是不能接受失敗，你將永遠無法成為一個成功的顧
　　問。（頁 53）

改變第一法則：黃瓜被醃漬的程度要大於滷水被黃瓜影響的程度。
　　（頁 218）

更困難法則：一旦你解決掉你的頭號問題，等於你給了排名第二的
　　問題一個出頭的機會。（頁 54）

取捨治療法：你若不能捨，就不能得。（頁 66）朝著一個方向前
　　進，會造成另一個方向的損失。（頁 70）

定價第一法則：定價工作有許多的功能，金錢的交換只是其中之
　　一。（頁 311）

定價第二法則：他們付給你的錢愈多，他們就愈崇拜你。（頁 311）
　　他們付給你的錢愈少，他們就愈不尊重你。（頁 312）

定價第三法則：金錢通常只佔價格中最小的一部分。（頁 313）

定價第四法則：定價並不是一場零和遊戲。（頁 315）

定價第五法則：如果你非常需要這筆錢，請不要接這份工作。（頁
　　316）

定價第六法則：如果他們不喜歡你的工作表現，就不要收他們的
　　錢。（頁 318）

定價第七法則：金錢不只是價格而已。（頁 318）

定價第八法則：價格不是一個死的東西；而是一個談判出來的關

係。（頁 319）

定價第九法則：訂出來的價格，無論客戶是否接受，你都不會後悔。（頁 321）

定價第十法則：所有的價格最終都將以感覺為依據，包括你的感覺和他們的感覺。（頁 323）

居家者法則：想盡辦法要旅行的，反讓你成為居家者。（頁 224）

往臉上貼金定律：如果你找不出特點，就用捏造的。（頁 100）

往臉上貼金逆定律：凡有虛矯遮掩之現象，則必有需大肆整頓之處。（頁 104）

波定的反向基本原理：事物會演變成今日的樣貌，乃日積月累的結果。（頁 117）

波頓定律：凡是你無法修復的問題，就把它當作特點。（頁 93）

信任第一法則：除了你以外，沒有人會在乎你之所以會讓別人失望的理由有多麼的正當。（頁 330）

信任第二法則：贏得信任要歷時數載，失去信任在轉瞬之間。（頁 330）

信任第三法則：人們不會告訴你他們是從那一刻起對你不再信任。（頁 331）

信任第四法則：贏得信任的招數就是不要耍任何花招。（頁 333）

信任第五法則：人們從不說謊——在他們自己看來。（頁 335）

信任第六法則：永遠相信你的客戶——但要切一下牌。（頁 336）

信任第七法則：千萬不可不誠實，即使那只是應客戶的要求。（頁 339）

信任第八法則：絕不承諾任何事。（頁340）

信任第九法則：永遠要遵守你的承諾。（頁340）

信任第十法則：要把它寫下來，但倚仗的是彼此信任。（頁342）

柳橙汁測驗：這件事我們會做——而這是它得花多少錢。（頁80）

洋芋片原理：如果你知道閱聽的對象是誰，設置觸發器就很容易。
（頁170）

流浪者法則：想盡辦法要留在家裏的，反讓你成為流浪者。（頁
222）

洞察言行不一的能力：當話語和音樂無法配合，就表示有一個必要
的凶素遺漏了。（頁159）

為什麼魔咒：體力、空氣、水、食物有時盡，理由綿綿無絕期。
（頁124）

研究指引：盡量簡單化，不要太細瑣；記住你是顧問，而不是地方
檢察官。（頁118）研究的目的是為了解，不是為批評。（頁
119）從目前的局勢中找出你所喜歡的，評論看看。（頁119）

夏綠蒂法則：為了品質而行銷，不可為了數量。（頁304）

時間炸彈：時間會傷害所有的腳跟。（頁255）要浪費時間最保險
的做法就是對於警告充耳不聞。（頁255）

草莓醬法則：果醬塗的面積越大，就會變得越薄。（頁43）影響
力或富有，就看你要選哪一個。（頁43）

馬文第一大祕密：所有疾病中有九成都會自行痊癒——如果醫生完
全不去干擾的話。（頁85）要溫柔地對待那些有能力自行痊癒
的系統。（頁87）

馬文第二大祕密：不斷治療一個能夠自行痊癒的系統，終究會使該系統失去自行痊癒的能力。（頁88）

馬文第三大祕密：每一個處方有兩大部分：藥物和正確的服用方法。（頁88）

馬文第四大祕密：不管客戶正在做什麼，建議他另一種做法。（頁36）如果他們已經做的未能解決問題，要他們換做別的。（頁89）

馬文第五大祕密：務必要向他們收取高額的費用，高到他們甘願照你的話去做。（頁90）顧問最重要的一個動作就是要訂出適當的顧問費。（頁90）

馬文第六大祕密：知道該怎麼做（know-how）所得的酬勞遠不及知道該何時做（know-when）。（頁91）

得自農場的教訓：種子絕不可用便宜貨。（頁348）調養好的土質是植物栽培的祕訣。（頁349）時機最為重要。（頁349）靠自己把根長好的植物，地才抓得緊。（頁349）澆水過量會導致虛弱，而非強壯。（頁350）不論你灌注了多少的心力，有些農作物就是活不了。（頁350）。

第一號祕密：顧問工作不像表面上看來那般容易。（頁30）

第三次的魔障：顧問處理得最好的，往往是你交付給他的第三個問題。（頁76）

莊家的抉擇：只要他們喜歡就讓他們試試看，但要先教會他們如何保護自己。（頁247）永遠相信你的客戶——但要切一下牌。（頁336）

速食業的謬誤：沒有差異加上沒有差異加上沒有差異加上……最後
　　等於明顯的差異。（頁 229）

最困難法則：幫助自己，要比幫助別人困難得多。（頁 55）

琳的生活法則：凡做顧問的人，為了能夠對自己說「是」，就要能
　　對任何一個客戶說「不」。（頁 295）

絕不後悔原則：訂出來的價格，無論客戶是否接受，你都不會後
　　悔。（頁 321）參見「定價第九法則」。

費雪的基本原則：你現在適應得愈好，你的適應性會變得愈差。
　　（頁 72）

賀斯特型變種：幅度最大且持續最久的改變，其初衷通常是為了想
　　要保存某樣東西，但到頭來那樣東西卻改變得最多。（頁 230）

隆達的第一個天啟：那看來或許像是個危機，其實只不過是一個幻
　　覺的結束。（頁 258）

隆達的第二個天啟：當改變無可避免時，我們會拼死去保留我們所
　　最珍愛的東西。（頁 260）

隆達的第三個天啟：當你為了防止或弱化改變，而製造出一個幻覺
　　的時候，改變卻會變得更不可免——而且更難以承受。（頁
　　261）

搖撼法則：少即是多。（頁 200）

新事物法則：從來沒有哪個新的事物會讓人稱心如意的。（頁
　　244）

榔頭法則：小孩子得到的聖誕禮物若是一把榔頭，突然會發覺每樣
　　東西都需要敲打一番。（頁 109）

溫伯格的叨回法則：有時牽強只是短視。（頁153）

溫伯格的雙胞胎法則：多數的時間，在世界上多數的地方，不管人
　　們有多麼的努力，不會有任何有意義的事發生。（頁46）

溫伯格的雙胞胎法則顛倒型：有些時候，在有些地方，有意義的改
　　變會發生——尤其是當人們不很努力地進行改變時。（頁215）

溫伯格測驗法：你願意把自己的性命交到這個系統的手上嗎？（頁
　　236）

福特的基本回饋配方：人人可從任何河川汲取任何數量的水，用於
　　他所想從事的任何目的。人人必須在取水點的上游歸還等量的
　　水。（頁232）

福斯的真理：如果你無法拒絕它，就設法降低它的危險性。（頁
　　253）

蒙面俠的幻想：客戶不表達感激之情的時候，就幻想他們是被你優
　　異的表現給嚇呆了——不過別忘了，這只是你個人的幻想，而
　　非客戶的幻想。（頁38）

蒲萊斯考特的醃瓜原理：黃瓜被醃漬的程度要大於滷水被黃瓜影響
　　的程度。（頁218）小系統想要藉著長期且持續的接觸來改變
　　大系統，最可能的結果就是自己發生改變。（頁219）

標籤法則：我們多數人買的是標籤，不是商品。（頁128）事物的
　　名稱不是事物本身。（頁128）

潘朵拉的水痘：從來沒有哪個新的事物會讓人稱心如意的，但人們
　　卻總是希望這一次會有所不同。（頁246）

鄧肯・海恩斯的不同點：由你自己加個蛋，味道會更好。（頁300）

魯迪的大頭菜定律：一旦消除了你排名第一的問題，原本排名第二的問題就會自動升級。（頁 51）

羅默法則：失去一樣東西最好的方法就是想盡辦法要留住它。（頁 224）

鐵達尼號效應：心存災難不可能發生的念頭，經常會導致一發不可收拾的大災難。（頁 173）

顧問第一法則：不管客戶怎麼跟你說，一定有問題。（頁 33）

顧問第二法則：無論問題乍看之下如何，問題一定出在人身上。（頁 33）

顧問第三法則：不要忘了他們付給你的薪水是按小時計費，而不是按解決問題的方法計費。（頁 33）

顧問第四法則：如果別人沒有僱用你，千萬不要去解決他們的問題。（頁 39）

軟體這個不科學的行業

——為什麼要讀溫伯格的書？　　　　　　曾昭屏

　　「這個不科學的年代！」這是諾貝爾物理獎得主費曼（Richard Feynman）在他的同名書中，對於當代的美國人所發的慨嘆。他提到，美國國家科學基金會在 1988 年對 2,041 位超過 18 歲的美國成年人進行訪談，問了他們 75 個基本科學常識方面的問題，結果發現，約有 93% 到 95% 的受訪者屬於科學文盲，不但缺乏基本的科學常識，不懂科學語彙、科學方法，也不了解科學對於近代社會造成怎樣的影響與衝擊。

　　反觀軟體業，可算是最新的熱門「高科技」產業了，誠如本書作者溫伯格在前言中所言，在這個行業中也一樣充斥著許多不理性的行為。對於這些不理性、不科學的行為，麥康諾（Steve McConnell）在《*Rapid Development*》一書中稱之為軟體專案所常犯的「典型錯誤」（classic mistakes），他信手拈來即舉出 36 個之多。茲分人事、開發過程、產品、技術四大項，舉其犖犖大者。

　　人事方面常見的錯誤如：

　　● 錯誤的激勵方式，反而嚴重打擊士氣：管理階層總認為，加

班是士氣的指標，只要適時來一場曉以大義的精神訓話，即能鼓舞士氣，讓員工樂於加班。在專案結束時，為彌補員工因長期加班所造成精神、健康、家庭生活上的損失，以請吃一頓飯或頒發些微獎金的方式，即可打發。

- 要有「大無畏」的精神：管理階層不愛聽到壞消息，而鼓勵員工要有「凡事挺得住」的氣魄，在專案遇到任何困難時，都能一肩扛起、不輕易報告上級主管省得他們煩心，這樣才是員工的模範。如此一來，會使專案小組刻意隱瞞進度上的延誤，問題要到最後一刻，無所遁形後才引爆，但已回天乏術。

- 不切實際的期望：「又要馬兒肥，又要馬兒不吃草」，對產品的功能要求過多，卻又不給予足夠開發的時間，這是軟體開發人員與顧客或上司間發生磨擦最常見的原因。

- 一廂情願地認為凡事皆能心想事成：「專案小組中沒有任何人覺得可依現有的時程完成專案，但他們心想若是大家能多加把勁，事情都能順利的進展，再加上一點運氣，專案或有如期完成的可能。」「我們知道這次資料庫子系統的軟體承包商是低價搶標，若看他們在建議書中所提出的工作人員水準，想要照合約的要求完成，實在困難重重。他們的經驗或許比不上其他的軟體承包商，不過，他們若能以高昂的鬥志來彌補經驗上的不足，也有如期交貨的可能。」

開發過程方面常見的錯誤如：

- 過於樂觀的時程：擬定過於樂觀的時程，會造成專案難度的低估、無法做好專案規畫、在專案早期某些重要的開發活動上（如需求分析與設計等）偷工減料，使得專案走上不歸路。

- 一遇到壓力即放棄該有的規畫活動：專案雖有計畫，但每當時程上有所延誤，就立即放棄計畫於不顧，致使專案如無頭蒼蠅般，失去了方向感，不知道朝哪裡去才是對的。

- 規畫時總是假設能在下一個階段即可趕上落後的進度：你正在從事一個 6 個月的專案，為達到 2 個月的里程碑，就花了你 3 個月的時間，你會怎麼辦？許多專案就計畫在下一個階段把進度趕上來，但從來沒人能辦得到。

- 「拼命寫程式」的程式設計法：有些機構認為快速、毫無拘束、竭盡所能地去寫程式，是達到快速開發的唯一途徑。理由是，讓開發人員不停地忙碌，就能克服任何的障礙，但結果顯示完全不是這麼回事。

產品方面常見的錯誤如：

- 對於需求鍍金過度：有些專案在一開始訂出來的需求就超過實際之所需。對於軟體性能的要求就經常超過了實際上的需要，這會造成專案時程不必要的拖延。對於產品某些複雜的功能特色，使用者的熱中程度遠不及行銷人員或開發人員，而複雜的功能特色會造成開發時間上不成比例的增加。

- 不斷增添產品的特色：即使你能避免對於需求鍍金過度的陷

　　阱，專案在其生命週期中還是平均會經歷到 25% 的變更。
這樣的變更使專案的時程至少得增加 25% ，這對想要快速
開發的專案是一個致命的打擊。

技術方面常見的錯誤如：

● 銀彈徵候群：軟體從業人員總是期望能有一種萬靈丹，服用
　之後即能解決所有專案的困擾，例如新的實務做法、新的技
　術、嚴格的開發流程等的引進，即可解決時程上的問題，但
　結果卻是無可避免的失望。

● 過度高估因引進新的工具或方法所能節省的金額：鮮少有機
　構能因引進新的開發工具或方法而在生產力上帶來巨幅的提
　升，加上使用新的事物都要經歷一段學習曲線後方能順手，
　且新事物也會帶來新的風險，在在都會影響到想像中可節省
　的開發成本，能有 10% 生產力的提升已是極限。

　　這些充斥於軟體界不理性的想法與做法，具體而微地表現出世
人的不科學。追究起不理性的根源，大多來自「凡與人相關的事則
難以面面俱到，思慮周延」的本質：重自我而輕他人，則易流於苛
以待人；重他人而輕自我，則易流於過分討好；重小我而輕大我，
則易流於自私自利；重大我而輕小我，則易流於缺乏人性；重短期
而輕長期，則易流於急功好利，非長久之計；重長期而輕短期，則
易流於緩不濟急，過不了眼前的難關；明察秋毫，則易流於不見輿
薪，掛一漏萬；大而化之，則易流於慮事不周，左支右絀；等等，

在在皆難以拿捏得宜。

　　面對這些不理性的現象，有許多軟體界的先進嘗試以科學的方法來解決。所謂科學的方法是指，假定一個有秩序的世界是存在的，人們可透過對各種現象進行系統的、嚴謹的、與客觀的觀察，而獲知這個世界的原因與結果，即成為「理論」。因此，理論是以系統的方式來說明，兩個或兩個以上的現象彼此間是如何產生關係，並特別強調說明何者為因，何者為果；再者，科學家可將某一理論概推（generalize）到其他具相同特性的現象上。個人的價值判斷或許會干涉研究者對研究題目的選擇，但卻不會影響到發現知識的方法。雖然科學家承認人都會犯錯，但他們經常抱持一種懷疑的眼光，並找尋證據來支持他們的主張。

　　而軟體業的運作方式是，一群人（軟體專業人員）以專案小組的組織型態為另一群人（購買軟體的顧客及使用者）開發出一套軟體系統（包括硬體、網路、作業系統、應用系統、資料庫等），以解決其領域（如金融、醫院、通信、服務業等）中所面臨的問題。由此觀之，軟體業所需的核心能力有四大項，即技術方面的能力（C++，Java，DBMS，CASE等）、產品方面的能力（應用領域的知識，domain knowledge）、開發過程方面的能力（以先進的軟體工程知識來從事開發工作）、以及人事問題方面的能力（專案小組的成員之間，專案小組與顧客、使用者之間）。一般人的重點都會放在前兩項（技術及產品，因這類的問題單純易解），卻輕忽了後兩項（開發過程及人事，因這類的問題錯綜複雜，吃力不討好），因而造成軟體專案上許多的問題。尤其是人事方面的問題，

因具有「凡與人相關的事則難以面面俱到，思慮周延」的本質，更是棘手。欲解決「與人相關的事」，則落在社會科學的範疇，因社會科學的主旨即在探討人類行為與人類社群的性質，以及兩者所形成的結果。它有幾個分支：

- 人類學：其中的文化人類學在研究社會性質與社會演化，以及文化、鄰里、與社區的社會結構。
- 經濟學：探討人類如何生產、分配、獲取、與消費一些必要的資源。
- 政治科學：探討社會中權力的來源、分配、與使用，以及各種團體及機構中的政治過程。
- 心理學：探討個體行為的基礎及後果，側重於說明個體特殊行為的原因。

而一個軟體專案小組工作的環境，即是由專案小組成員與顧客、使用者所組成的小型社會。本書作者溫伯格的特色，即是以社會科學的角度來解析軟體專案上會遇到的問題，他所著的書如：

- *The Psychology of Computer Programming*（電腦程式設計工作的心理學）以心理學的角度來分析，一個優秀的程式設計師需具備的條件與能力。
- *Becoming a Technical Leader*（領導者，該想什麼？中譯本由經濟新潮社出版）以社會學的角度來分析，一個專案的技術負責人需具備哪些條件與能力，方能領導專案小組開發出經

濟、合用的軟體系統。

● 而這本書《顧問成功的祕密》以社會學的角度探討，如何先
讓自己成為一個「完整的人」，然後才能在顧問工作上發揮
正面的影響力。

這些書都是以「人」、「人際關係」、「企業文化」為主軸，這是軟
體業問題癥結之所在。能夠擺脫病徵的假象，針對病因來開刀，這
是溫伯格獨特與可貴之處。溫伯格將從事軟體業多年的經驗與洞識
，用饒富趣味的形式，化身為法則、定律、與原理，提供給讀者，
期能概推到讀者在日常工作中可能面臨的諸多問題上。其中若有任
何一條法則、定律、或原理能夠發揮功效，讓讀者困擾多時的問題
得以迎刃而解，購買本書就值回票價了。

書　號	書　　　名	作　者	定價
QB1008	**殺手級品牌戰略**：高科技公司如何克敵致勝	保羅‧泰伯勒等	280
QB1015	**六標準差設計**：打造完美的產品與流程	舒伯‧喬賀瑞	280
QB1016	**我懂了！六標準差2**：產品和流程設計一次OK！	舒伯‧喬賀瑞	200
QB1021X	**最後期限**：專案管理101個成功法則	Tom DeMarco	360
QB1023	**人月神話**：軟體專案管理之道（20週年紀念版）	Frederick P. Brooks, Jr.	480
QB1024X	**精實革命**：消除浪費、創造獲利的有效方法（十週年紀念版）	詹姆斯‧沃馬克、丹尼爾‧瓊斯	550
QB1026	**與熊共舞**：軟體專案的風險管理	Tom DeMarco & Timothy Lister	380
QB1027X	**顧問成功的祕密**：有效建議、促成改變的工作智慧（10週年智慧紀念版）	傑拉爾德‧溫伯格	400
QB1028	**豐田智慧**：充分發揮人的力量	若松義人、近藤哲夫	280
QB1032	**品牌，原來如此！**	黃文博	280
QB1034	**人本教練模式**：激發你的潛能與領導力	黃榮華、梁立邦	280
QB1035	**專案管理，現在就做**：4大步驟，7大成功要素，要你成為專案管理高手！	寶拉‧馬丁、凱倫‧泰特	350
QB1036	**A級人生**：打破成規、發揮潛能的12堂課	羅莎姆‧史東‧山德爾、班傑明‧山德爾	280
QB1037	**公關行銷聖經**	Rich Jernstedt等十一位執行長	299
QB1041	**要理財，先理債**：快速擺脫財務困境、重建信用紀錄最佳指南	霍華德‧德佛金	280
QB1042	**溫伯格的軟體管理學**：系統化思考（第1卷）	傑拉爾德‧溫伯格	650
QB1044	**邏輯思考的技術**：寫作、簡報、解決問題的有效方法	照屋華子、岡田惠子	300
QB1045	**豐田成功學**：從工作中培育一流人才！	若松義人	300
QB1046	**你想要什麼？**（教練的智慧系列1）	黃俊華著、曹國軒繪圖	220
QB1047X	**精實服務**：生產、服務、消費端全面消除浪費，創造獲利	詹姆斯‧沃馬克、丹尼爾‧瓊斯	380

書　號	書　　　名	作　　者	定價
QB1049	改變才有救！（教練的智慧系列2）	黃俊華著、曹國軒繪圖	220
QB1050	教練，幫助你成功！（教練的智慧系列3）	黃俊華著、曹國軒繪圖	220
QB1051	從需求到設計：如何設計出客戶想要的產品	唐納・高斯、傑拉爾德・溫伯格	550
QB1052C	金字塔原理：思考、寫作、解決問題的邏輯方法	芭芭拉・明托	480
QB1053X	圖解豐田生產方式	豐田生產方式研究會	300
QB1055X	感動力	平野秀典	250
QB1056	寫出銷售力：業務、行銷、廣告文案撰寫人之必備銷售寫作指南	安迪・麥斯蘭	280
QB1057	領導的藝術：人人都受用的領導經營學	麥克斯・帝普雷	260
QD1058	溫伯格的軟體管理學：第一級評量（第2卷）	傑拉爾德・溫伯格	800
QB1059C	金字塔原理Ⅱ：培養思考、寫作能力之自主訓練寶典	芭芭拉・明托	450
QB1061	定價思考術	拉斐・穆罕默德	320
QB1062C	發現問題的思考術	齋藤嘉則	450
QB1063	溫伯格的軟體管理學：關照全局的管理作為（第3卷）	傑拉爾德・溫伯格	650
QB1067	從資料中挖金礦：找到你的獲利處方籤	岡嶋裕史	280
QB1068	高績效教練：有效帶人、激發潛能的教練原理與實務	約翰・惠特默爵士	380
QB1069	領導者，該想什麼？：成為一個真正解決問題的領導者	傑拉爾德・溫伯格	380
QB1070	真正的問題是什麼？你想通了嗎？：解決問題之前，你該思考的6件事	唐納德・高斯、傑拉爾德・溫伯格	260
QB1071X	假說思考：培養邊做邊學的能力，讓你迅速解決問題	內田和成	360
QB1073C	策略思考的技術	齋藤嘉則	450

經濟新潮社　　　　〈經營管理系列〉

書　號	書　　　　名	作　　者	定價
QB1074	敢説又能説： 產生激勵、獲得認同、發揮影響的3i說話術	克里斯多佛・威特	280
QB1075X	學會圖解的第一本書： 整理思緒、解決問題的20堂課	久恆啟一	360
QB1076X	策略思考：建立自我獨特的insight，讓你發現 前所未見的策略模式	御立尚資	360
QB1078	讓顧客主動推薦你： 從陌生到狂推的社群行銷7步驟	約翰・詹區	350
QB1080	從負責到當責： 我還能做些什麼，把事情做對、做好？	羅傑・康納斯、 湯姆・史密斯	380
QB1082X	論點思考： 找到問題的源頭，才能解決正確的問題	內田和成	360
QB1083	給設計以靈魂：當現代設計遇見傳統工藝	喜多俊之	350
QB1084	關懷的力量	米爾頓・梅洛夫	250
QB1085	上下管理，讓你更成功！： 懂部屬想什麼、老闆要什麼，勝出！	蘿貝塔・勤斯基・瑪 圖森	350
QB1086	服務可以很不一樣： 讓顧客見到你就開心，服務正是一種修練	羅珊・德西羅	320
QB1087	為什麼你不再問「為什麼？」： 問「WHY？」讓問題更清楚、答案更明白	細谷 功	300
QB1088X	焦點法則：別讓五年後的自己後悔！放棄不重 要的事，才能擁有人生	布萊恩・崔西	280
QB1089	做生意，要快狠準：讓你秒殺成交的完美提案	馬克・喬那	280
QB1090X	獵殺巨人：十大商戰策略經典分析	史蒂芬・丹尼	350
QB1091	溫伯格的軟體管理學：擁抱變革（第4卷）	傑拉爾德・溫伯格	980
QB1092	改造會議的技術	宇井克己	280
QB1093	放膽做決策：一個經理人1000天的策略物語	三枝匡	350
QB1094	開放式領導：分享、參與、互動──從辦公室 到塗鴉牆，善用社群的新思維	李夏琳	380
QB1095	華頓商學院的高效談判學： 讓你成為最好的談判者！	理查・謝爾	400

经济新潮社　　〈经营管理系列〉

書　號	書　　　名	作　　者	定價
QB1096	麥肯錫教我的思考武器： 從邏輯思考到真正解決問題	安宅和人	320
QB1097	我懂了！專案管理（全新增訂版）	約瑟夫·希格尼	330
QB1098	CURATION策展的時代： 「串聯」的資訊革命已經開始！	佐佐木俊尚	330
QB1099	新·注意力經濟	艾德里安·奧特	350
QB1100	Facilitation引導學： 創造場域、高效溝通、討論架構化，形成共識，21世紀最重要的專業能力！	堀公俊	350
QB1101	體驗經濟時代（10週年修訂版）： 人們正在追尋更多意義，更多感受	約瑟夫·派恩、 詹姆斯·吉爾摩	420
QB1102	最極致的服務最賺錢： 麗池卡登、寶格麗、迪士尼都知道，服務要有人情味，讓顧客有回家的感覺	李奧納多·英格雷利、麥卡·所羅門	330
QB1103	輕鬆成交，業務一定要會的提問技術	保羅·雀瑞	280
QB1104	不執著的生活工作術： 心理醫師教我的淡定人生魔法	香山理香	250
QB1105	CQ文化智商：全球化的人生、跨文化的職場 ——在地球村生活與工作的關鍵能力	大衛·湯瑪斯、 克爾·印可森	360
QB1106	爽快啊，人生！： 超熱血、拚第一、恨模仿、一定要幽默 ——HONDA創辦人本田宗一郎的履歷書	本田宗一郎	320
QB1107	當責，從停止抱怨開始：克服被害者心態，才能交出成果、達成目標！	羅傑·康納斯、 湯瑪斯·史密斯、 克雷格·希克曼	380
QB1108	增強你的意志力： 教你實現目標、抗拒誘惑的成功心理學	羅伊·鮑梅斯特、 約翰·堤爾尼	350
QB1109	Big Data大數據的獲利模式： 圖解·案例·策略·實戰	城田真琴	360
QB1110	華頓商學院教你活用數字做決策	理查·蘭柏特	320
QB1111C	V型復甦的經營： 只用二年，徹底改造一家公司！	三枝匡	500

書　號	書　　　名	作　　者	定價
QB1112	如何衡量萬事萬物：大數據時代，做好量化決策、分析的有效方法	道格拉斯‧哈伯德	480
QB1114	永不放棄：我如何打造麥當勞王國	雷‧克洛克、羅伯特‧安德森	350
QB1115	工程、設計與人性：為什麼成功的設計，都是從失敗開始？	亨利‧波卓斯基	400
QB1116	業務大贏家：讓業績1＋1＞2的團隊戰法	長尾一洋	300
QB1117	改變世界的九大演算法：讓今日電腦無所不能的最強概念	約翰‧麥考米克	360
QB1118	現在，頂尖商學院教授都在想什麼：你不知道的管理學現況與真相	入山章榮	380
QB1119	好主管一定要懂的2×3教練法則：每天2次，每次溝通3分鐘，員工個個變人才	伊藤守	280
QB1120	Peopleware：腦力密集產業的人才管理之道（增訂版）	湯姆‧狄馬克、提摩西‧李斯特	420
QB1121	創意，從無到有（中英對照×創意插圖）	楊傑美	280
QB1122	漲價的技術：提升產品價值，大膽漲價，才是生存之道	辻井啟作	320
QB1123	從自己做起，我就是力量：善用「當責」新哲學，重新定義你的生活態度	羅傑‧康納斯、湯姆‧史密斯	280
QB1124	人工智慧的未來：揭露人類思維的奧祕	雷‧庫茲威爾	500
QB1125	超高齡社會的消費行為學：掌握中高齡族群心理，洞察銀髮市場新趨勢	村田裕之	360
QB1126	【戴明管理經典】轉危為安：管理十四要點的實踐	愛德華‧戴明	680
QB1127	【戴明管理經典】新經濟學：產、官、學一體適用，回歸人性的經營哲學	愛德華‧戴明	450
QB1128	主管厚黑學：在情與理的灰色地帶，練好務實領導力	富山和彥	320
QB1129	系統思考：克服盲點、面對複雜性、見樹又見林的整體思考	唐內拉‧梅多斯	450

書　號	書　　　名	作　　者	定價
QC1001	全球經濟常識100	日本經濟新聞社編	260
QC1003X	資本的祕密：為什麼資本主義在西方成功，在其他地方失敗	赫南多・德・索托	300
QC1004X	愛上經濟：一個談經濟學的愛情故事	羅素・羅伯茲	280
QC1014X	一課經濟學（50週年紀念版）	亨利・赫茲利特	320
QC1016	致命的均衡：哈佛經濟學家推理系列	馬歇爾・傑逢斯	280
QC1017	經濟大師談市場	詹姆斯・多蒂、德威特・李	600
QC1019	邊際謀殺：哈佛經濟學家推理系列	馬歇爾・傑逢斯	280
QC1020	奪命曲線：哈佛經濟學家推理系列	馬歇爾・傑逢斯	280
QC1026C	選擇的自由	米爾頓・傅利曼	500
QC1027X	洗錢	橘玲	380
QC1031	百辯經濟學（修訂完整版）	瓦特・布拉克	350
QC1033	貿易的故事：自由貿易與保護主義的抉擇	羅素・羅伯茲	300
QC1034	通膨、美元、貨幣的一課經濟學	亨利・赫茲利特	280
QC1036C	1929年大崩盤	約翰・高伯瑞	350
QC1039	贏家的詛咒：不理性的行為，如何影響決策	理查・塞勒	450
QC1040	價格的祕密	羅素・羅伯茲	320
QC1041	一生做對一次投資：散戶也能賺大錢	尼可拉斯・達華斯	300
QC1042	達蜜經濟學：.me.me.me…在網路上，我們用自己的故事，正在改變未來	泰勒・科文	340
QC1043	大到不能倒：金融海嘯內幕真相始末	安德魯・羅斯・索爾金	650
QC1044	你的錢，為什麼變薄了？：通貨膨脹的真相	莫瑞・羅斯巴德	300
QC1046	常識經濟學：人人都該知道的經濟常識（全新增訂版）	詹姆斯・格瓦特尼、理查・史托普、德威特・李、陶尼・費拉瑞尼	350
QC1047	公平與效率：你必須有所取捨	亞瑟・歐肯	280
QC1048	搶救亞當斯密：一場財富與道德的思辯之旅	強納森・懷特	360
QC1049	了解總體經濟的第一本書：想要看懂全球經濟變化，你必須懂這些	大衛・莫斯	320

經濟新潮社　　　〈經濟趨勢系列〉

書　號	書　　名	作　者	定價
QC1050	為什麼我少了一顆鈕釦？：社會科學的寓言故事	山口一男	320
QC1051	公平賽局：經濟學家與女兒互談經濟學、價值，以及人生意義	史帝文·藍思博	320
QC1052	生個孩子吧：一個經濟學家的真誠建議	布萊恩·卡普蘭	290
QC1053	看得見與看不見的：人人都該知道的經濟真相	弗雷德里克·巴斯夏	250
QC1054C	第三次工業革命：世界經濟即將被顛覆，新能源與商務、政治、教育的全面革命	傑瑞米·里夫金	420
QC1055	預測工程師的遊戲：如何應用賽局理論，預測未來，做出最佳決策	布魯斯·布恩諾·德·梅斯奎塔	390
QC1056	如何停止焦慮愛上投資：股票＋人生設計，追求真正的幸福	橘玲	280
QC1057	父母老了，我也老了：如何陪父母好好度過人生下半場	米利安·阿蘭森、瑪賽拉·巴克·維納	350
QC1058	當企業購併國家（十週年紀念版）：從全球資本主義，反思民主、分配與公平正義	諾瑞娜·赫茲	350
QC1059	如何設計市場機制？：從學生選校、相親配對、拍賣競標，了解最新的實用經濟學	坂井豐貴	320
QC1060	肯恩斯城邦：穿越時空的經濟學之旅	林睿奇	320
QC1061	避稅天堂	橘玲	380

經濟新潮社　〈自由學習系列〉

書　號	書　　　　名	作　　者	定價
QD1001	想像的力量：心智、語言、情感，解開「人」的祕密	松澤哲郎	350
QD1002	一個數學家的嘆息：如何讓孩子好奇、想學習，走進數學的美麗世界	保羅‧拉克哈特	250
QD1003	寫給孩子的邏輯思考書	苅野進、野村龍一	280
QD1004	英文寫作的魅力：十大經典準則，人人都能寫出清晰又優雅的文章	約瑟夫‧威廉斯、約瑟夫‧畢薩普	360
QD1005	這才是數學：從不知道到想知道的探索之旅	保羅‧拉克哈特	400
QD1006	阿德勒心理學講義	阿德勒	340
QD1007	給活著的我們‧致逝去的他們：東大急診醫師的人生思辨與生死手記	矢作直樹	280
QD1008	服從權威：有多少罪惡，假服從之名而行？	史丹利‧米爾格蘭	380
QD1009	口譯人生：在跨文化的交界，窺看世界的精采	長井鞠子	300
QD1010	好老師的課堂上會發生什麼事？——探索優秀教學背後的道理！	伊莉莎白‧葛林	380

國家圖書館出版品預行編目資料

顧問成功的祕密：有效建議、促成改變的工作智
慧／傑拉爾德‧溫伯格（Gerald M. Weinberg）
著；曾昭屏譯. -- 二版. -- 臺北市：經濟新潮
社出版：家庭傳媒城邦分公司發行, 2016.04
　　面；　公分. --（經營管理；27）
譯自：The secrets of consulting : a guide to giving
& getting advice successfully
　ISBN　978-986-6031-83-0（平裝）

　1.企業管理

494.24   105004509